U0172394

中等职业教育土木水利类专业"互联网+"数字化创新教材
中等职业教育"十四五"系列教材

# 建设工程招标投标与合同管理

谭丽丽　主编
张菊芳　车金枝　副主编

中国建筑工业出版社

**图书在版编目（CIP）数据**

建设工程招标投标与合同管理／谭丽丽主编．—北京：中国建筑工业出版社，2020.11（2024.2重印）

中等职业教育土木水利类专业"互联网＋"数字化创新教材　中等职业教育"十四五"系列教材

ISBN 978-7-112-25502-3

Ⅰ．①建…　Ⅱ．①谭…　Ⅲ．①建筑工程-招标-中等专业学校-教材②建筑工程-投标-中等专业学校-教材③建筑工程-合同-管理-中等专业学校-教材　Ⅳ．①TU723

中国版本图书馆 CIP 数据核字（2020）第 184684 号

本教材的主要内容包括建设工程招标投标和合同管理两大部分。招标投标部分包括了 8 个项目，阐述了建设工程招标投标的基础知识，并根据招标投标流程以及工作岗位技能要求，设置了发布招标公告、发售招标文件、组织现场踏勘、组织召开投标预备会、接受投标文件、开标、评标、编制投标文件等相关工作任务；合同管理部分包括了 4 个项目，阐述了合同法律基础知识，对建设工程合同示范文本进行介绍，论述建设工程合同管理的基本理论和方法，包括合同签约、合同履行、索赔管理以及纠纷解决等相关内容。

**教学服务群**
QQ: 796494830

教材结合《中华人民共和国民法典》进行编写，不仅提供丰富的数字资源，还附赠技能训练手册，便于学生学习和使用。本教材适合作为工程造价、建筑工程施工等土木水利类相关专业设置的"建设工程招标投标与合同管理"或"建设工程招标投标""建设工程合同管理"课程教材和有关培训教材。

为便于教学和提高学习效果，本书配套有 PPT 课件、技能训练参考答案、微课等数字资源，索取方式为：1. 邮箱：jckj@cabp.com.cn；2. 电话：（010）58337285；3. 建工书院：http://edu.cabplink.com；4. QQ 教学服务群：796494830。

责任编辑：司　汉　李　阳
责任校对：姜小莲

中等职业教育土木水利类专业"互联网＋"数字化创新教材
中等职业教育"十四五"系列教材
**建设工程招标投标与合同管理**
谭丽丽　主编
张菊芳　车金枝　副主编

\*

中国建筑工业出版社出版、发行（北京海淀三里河路 9 号）
各地新华书店、建筑书店经销
北京鸿文瀚海文化传媒有限公司制版
北京市密东印刷有限公司印刷

\*

开本：787 毫米×1092 毫米　1/16　印张：14　字数：339 千字
2021 年 1 月第一版　2024 年 2 月第五次印刷
定价：39.00 元（含技能训练手册、赠教师课件）
ISBN 978-7-112-25502-3
（36441）

# 前　言

　　本教材从内容上分为招标投标和合同管理两个部分。招标投标部分按照招标投标流程顺序，分别从招标人和投标人的角度进行阐述，打破了以往教材按照《中华人民共和国招标投标法》章节编写的惯例，方便教师在教学中组织学生分角色进行学习和练习，使学生明确不同岗位需要完成的工作任务。

　　本教材从结构上分为知识学习和技能训练两个部分。知识学习部分针对中职学生学情，以"能学、必需、够用"为原则，力求理论系统完整、表述简明扼要；技能训练部分按照中职毕业生就业岗位要求，提炼出招标投标和合同管理阶段实际岗位工作中基本的、必会的、重要的技能点，与知识学习部分相互呼应，形成各知识点对应的技能训练任务，以附赠的技能训练手册体现。

　　本教材注重落实立德树人根本任务，促进学生成为德智体美劳全面发展的社会主义建设者和接班人。教材内容融入思想政治教育，推进中华民族文化自信自强。本教材突出职业教育的类型特点，重视学生岗位技能的培养，参照《中华人民共和国民法典》的最新内容，教材特点：以问题为导向、以任务为载体、根据工作岗位能力要求设置技能训练任务。技能训练任务设置明确、具体，教师根据教材中的工作任务即可组织学生进行技能训练，体现"做中学""做中教"的教学方式，突出应用性、实用性原则，是一本"理实一体化"的教材。

　　本教材编排上的特点是任务设置可分解、亦可融合，可根据学情、需求自由组合。每一个任务都有明确目标，与其他任务界线清晰，能形成独立的、可考核的任务成果。同时，各个任务之间又因工作流程产生逻辑关系，能融合形成一个大任务。例如：将项目3、项目4融合，即可完成一套完整的招标文件编制；将项目2～项目7的各个任务融合，即可完成整套的招标组织和招标文件材料。

　　本教材还是一本"互联网＋"数字化创新教材，引入"云学习"在线教育创新理念，增加了与课程知识点相关的数字资源，将传统教育对接到网络，学生通过手机扫描文中的二维码，可以自主反复学习，帮助理解知识点、学习更有效。

　　本教材按照72个课时编写，各项目学时分配见下表（谨供参考）：

| 项目内容 | 学时数 | 项目内容 | 学时数 |
| --- | --- | --- | --- |
| 项目1 建设工程招标投标基础知识 | 6 | 项目8 投标 | 8 |
| 项目2 招标准备 | 6 | 项目9 合同法律基础 | 4 |
| 项目3 发布招标公告 | 4 | 项目10 建设工程施工合同 | 4 |
| 项目4 发售招标文件 | 6 | 项目11 合同索赔管理 | 6 |
| 项目5 招标过程组织 | 4 | 项目12 合同纠纷管理 | 6 |
| 项目6 开标 | 6 | 考试 | 2 |
| 项目7 评标和定标 | 6 | 机动 | 4 |

　　本教材由谭丽丽担任主编并统稿，张菊芳、车金枝担任副主编，具体编写分工如下：山西应用科技学院车金枝编写项目1，广西城市建设学校谭丽丽编写项目2和项目3，广西城市建设学校覃杰编写项目4和项目5的任务5.3、任务5.4，广西城市建设学校王颖编写项目5的任务5.1、任务5.2和项目6，长沙南方职业学院廖亚莎编写项目7，福建建筑学校林梅敏编写项目8，河北城乡建设学院张菊芳编写项目9，广西建宏工程科技有限公司黄萍编写项目10，广州市市政职业学校杨凯钧编写项目11，广州大学市政技术学院任娟编写项目12。本教材所附的技能训练习题册由对应各项目的编者编写。本教材的编者为教学、科研一线的教师和企业的专家，编者结合多年教学与项目管理实践经验，注重培养学生运用所学知识解决实际问题的能力。

　　教材在编写过程中参考和引用了相关文献和资料，在此向有关作者表示诚挚的谢意。由于编者水平有限，书中难免存在不足和疏漏，恳请专家和读者批评指正。

# 目 录

# 项目1

# 建设工程招标投标基础知识

## 教学目标

### 1. 知识目标

（1）了解建设工程招标投标相关法律法规，理解工程相关概念；

（2）熟悉招标的组织形式、资格审查的方式；

（3）掌握必须招标的范围和规模标准、招标的方式。

### 2. 能力目标

（1）能区别发包的方式、招标的组织形式；

（2）能分析公开招标和邀请招标这两种招标方式的异同。

### 3. 思政目标

（1）树立法制观念；

（2）养成依法办事、依法定程序管理项目的意识。

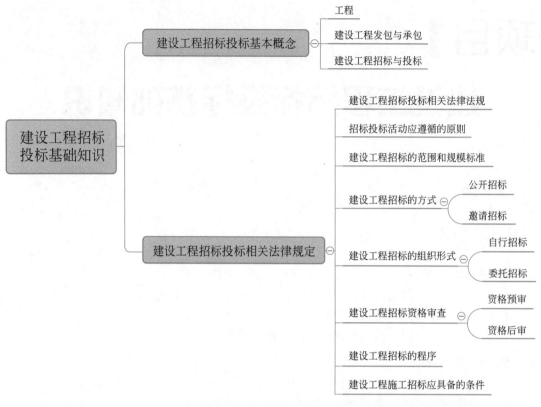

在开展具体的招标投标组织活动之前，需要了解招标投标的基本概念、掌握招标投标的基本流程、熟悉基本的法律规定。

## 任务 1.1　建设工程招标投标基本概念

### 1.1.1　工程

根据《中华人民共和国招标投标法》《中华人民共和国招标投标法实施条例》《房屋建筑和市政基础设施工程施工招标投标管理办法》，将工程相关概念定义如下：

**1. 工程建设项目**

工程建设项目是指工程以及与工程建设有关的货物、服务。

（1）工程

指建设工程，包括建筑物和构筑物的新建、改建、扩建及其相关的装修、拆除、修缮等。

（2）与工程建设有关的货物

指构成工程不可分割的组成部分，且为实现工程基本功能所必需的设备、材料等。

（3）与工程建设有关的服务

指为完成工程所需的勘察、设计、监理等服务。

**2. 房屋建筑工程**

房屋建筑工程是指各类房屋建筑及其附属设施和与其配套的线路、管道、设备安装工程及室内外装修工程。

**3. 市政基础设施工程**

市政基础设施工程是指城市道路、公共交通、供水、排水、燃气、热力、园林、环卫、污水处理、垃圾处理、防洪、地下公共设施及附属设施的土建、管道、设备安装工程。

## 1.1.2　建设工程发包与承包

**1. 发承包的概念**

（1）建设工程发包与承包

简称发承包，指建设单位（或总承包单位）委托具有从事建筑活动法定从业资格的单位为其完成某一建筑工程的全部或部分工作的交易行为。

（2）建设工程发包

是相对于工程承包而言的，指建设单位（或总承包单位）将建筑工程任务（勘察、设计、施工等）的全部或一部分通过招标或其他方式，交付给具有从事建筑活动法定从业资格的单位完成，并按约定支付报酬的行为。

（3）建设工程承包

是相对于工程发包而言的，指具有从事建筑活动法定从业资格的单位，通过投标或其他方式，承揽建筑工程任务，并按约定取得报酬的行为。

（4）发包人

即将工程发包的人，指具有工程发包主体资格和支付工程价款能力的当事人以及取得该当事人资格的合法继承人。发包人有时也称发包单位、建设单位或业主、项目法人。

（5）承包人

即承揽了工程的人，指被发包人接受的具有工程施工承包主体资格的当事人以及取得该当事人资格的合法继承人。承包人有时也称承包单位、施工企业、施工人。

**2. 建设工程发承包的方式**

根据《中华人民共和国建筑法》规定，建设工程发承包的方式有两种：

（1）招标发包

即发包人通过招标的方式确定承包人。

招标发包是建设工程发承包采用的主要方式。

（2）直接发包

即发包人不通过招标投标，而是通过直接洽谈的方式自主确定承包人。这种方式通常用于小型的、未达到必须招标的规模标准的工程，或者招标投标相关法律法规规定的特殊情形。

## 1.1.3　建设工程招标与投标

**1. 建设工程招标投标的概念**

（1）建设工程招标

是指招标人在发包建设项目之前，通过公开发布招标信息或发送邀请书的方式，邀请潜在投标人根据招标人的意图和要求提出报价，择日当场开标，从中择优选定中标人的一种经济活动。

（2）建设工程投标

是工程招标的对称概念，指具有合法资格和能力的投标人根据招标条件，提交标书，参与竞标，以期获得承揽工程资格、与招标人订立合同的经济活动。

**2. 建设工程招标活动牵涉的主体**

（1）招标人

指提出招标项目，进行招标的法人或其他组织。

（2）投标人

指响应招标，参加投标竞争的法人或者其他组织。

（3）招标代理机构

指依法设立，从事招标代理业务并提供相关服务的社会中介组织。

（4）行政监督机构

主要指国家发展改革委员会、有关行业或产业行政主管部门等对招标投标活动实施监督的行政机构。

**3. 建设工程招标活动牵涉的客体**

（1）工程

包括建筑物和构筑物的新建、改建、扩建及其相关的装修、拆除、修缮等。

（2）货物

即与工程建设有关的货物，指构成工程不可分割的组成部分，且为实现工程基本功能所必需的设备、材料等。

（3）服务

即与工程建设有关的服务，包括为完成工程所需的勘察、设计、监理等服务。

**4. 建设工程招标投标的性质**

（1）从法律意义上讲，建设工程招标一般是建设单位（或业主）就拟建的工程发布通告，用法定方式吸引建设项目的承包单位参加竞争，进而通过法定程序从中选择条件优越者来完成工程建设任务的法律行为。建设工程投标一般是经过特定审查而获得投标资格的建设项目承包单位，按照招标文件的要求，在规定的时间内向招标单位填报投标书，并争取中标的法律行为。

（2）从合同订立的角度看，招标实际上是邀请投标人对其提出要约（即报价），属于要约邀请。投标则是一种要约，招标人向中标的投标人发出的中标通知书，则属于承诺。

## 任务 1.2　建设工程招标投标相关法律规定

### 1.2.1　建设工程招标投标相关法律法规

为了规范招标投标活动，保护国家利益、社会公共利益和招标投标活动当事人的合法权益，提高经济效益，保证项目质量，国家制定了一系列的法律、行政法规和部门规章。主要有：

**1.《中华人民共和国招标投标法》**

《中华人民共和国招标投标法》由第九届全国人民代表大会常务委员会第十一次会议于 1999 年 8 月 30 日通过，自 2000 年 1 月 1 日起施行，根据 2017 年 12 月 27 日第十二届全国人民代表大会常务委员会第三十一次会议《关于修改〈中华人民共和国招标投标法〉、〈中华人民共和国计量法〉的决定》修正。

该法是规范招标投标活动的基本法律，包括总则、招标、投标、开标评标和中标、法律责任和附则等共六章六十八条。

**2.《中华人民共和国招标投标法实施条例》**

《中华人民共和国招标投标法实施条例》自 2012 年 2 月 1 日起施行，该条例将《中华人民共和国招标投标法》的规定进一步具体化，进一步充实完善，增强了法律的操作性。

**3.《房屋建筑和市政基础设施工程施工招标投标管理办法》**

该办法于 2001 年 6 月 1 日建设部令第 89 号发布，根据 2018 年 9 月 28 日住房和城乡建设部令第 43 号修正。该办法属于部门规章，是建设行政主管部门依据《中华人民共和国建筑法》《中华人民共和国招标投标法》《中华人民共和国招标投标法实施条例》等法律、行政法规，针对房屋建筑和市政基础设施工程施工招标投标活动而细化制定的规范性文件，适用于依法必须进行招标的房屋建筑和市政基础设施工程的施工招标投标活动。

**4. 其他法律法规**

在工程招标投标过程中，还涉及《中华人民共和国政府采购法》《招标公告和公示信息发布管理办法》《必须招标的工程项目规定》等相关法律法规。

1-1
《中华人民共和国政府采购法实施条例》

### 1.2.2　招标投标活动应遵循的原则

建设工程招标投标活动应遵循公开、公平、公正和诚实信用的原则，具体要求是：

**1. 公开原则**

（1）招标信息公开

依法必须进行招标的项目的招标公告，应当通过国家指定的报刊、信息网络或者其他媒介发布；无论是招标公告、资格预审公告还是投标邀请书，都应当载明招标人的名称和地址、招标项目的性质、数量、实施地点和时间以及获取招标文件的办法等事项。

（2）招标投标过程公开

在招标投标过程中，很多程序要求都充分体现了公开原则，例如：开标时招标人应当邀请所有投标人参加；招标人在招标文件要求提交截止时间前收到的所有投标文件，开标时都应当当众予以拆封、宣读；评标的结果要进行公示；中标人确定后，招标人应当在向中标人发出中标通知书的同时，将中标结果通知所有未中标的投标人等。

**2. 公平原则**

要求给予所有投标人平等的机会，使其享有同等的权利，履行同等的义务。招标人不得以任何理由排斥或歧视任何投标人。依法必须进行招标的项目，其招标投标活动不受地区或者部门的限制，任何单位和个人不得违法限制或者排斥本地区、本系统以外的法人或者其他组织参加投标，不得以任何方式非法干涉招标投标活动。

**3. 公正原则**

要求招标人在招标投标活动中应当按照统一的标准衡量每一个投标人的优劣。招标人应当按照资格预审文件或者招标文件中载明的审查条件、标准和方法进行资格审查，不得改变载明的条件或者以没有载明的资格条件进行资格审查。评标委员会应当按照招标文件确定的评标标准和方法，对投标文件进行评审和比较。评标委员会成员应当客观、公正地履行职责，遵守职业道德。

**4. 诚实信用原则**

诚实信用是我国民事活动所应当遵循的一项重要基本原则。诚实信用原则就是要求招标投标当事人应以诚实、守信的态度行使权利，履行义务，处理自身利益与社会利益的平衡。在当事人之间的利益关系中，诚信原则要求尊重他人利益；在当事人与社会的利益关系中，诚信原则要求当事人不得通过自己的活动损害第三人和社会的利益，必须在法律范围内以符合其社会经济目的的方式行使自己的权利。

## 1.2.3 建设工程招标的范围和规模标准

**1. 必须招标的项目范围**

《中华人民共和国招标投标法》中对强制招标的项目做出了明确规定，《必须招标的工程项目规定》（2018 年 6 月 1 日起施行）进一步明确了具体项目。

在我国境内进行下列工程建设项目包括项目的勘察、设计、施工、监理以及与工程建设有关的重要设备、材料等的采购，必须进行招标：

（1）大型基础设施、公用事业等关系社会公共利益、公众安全的项目。

（2）全部或者部分使用国有资金投资或者国家融资的项目。包括：

1）使用预算资金 200 万元人民币以上，并且该资金占投资额 10％以上的项目；

2）使用国有企业事业单位资金，并且该资金占控股或者主导地位的项目。

（3）使用国际组织或者外国政府贷款、援助资金的项目。包括：

1）使用世界银行、亚洲开发银行等国际组织贷款、援助资金的项目；

2）使用外国政府及其机构贷款、援助资金的项目。

**2. 必须招标项目的规模标准**

上文提到的必须招标范围内的项目，其勘察、设计、施工、监理以及与工程建设有关的重要设备、材料等的采购达到下列标准之一的，必须招标：

（1）施工单项合同估算价在 400 万元人民币以上；

（2）重要设备、材料等货物的采购，单项合同估算价在 200 万元人民币以上；

（3）勘察、设计、监理等服务的采购，单项合同估算价在 100 万元人民币以上。

同一项目中可以合并进行的勘察、设计、施工、监理以及与工程建设有关的重要设备、材料等的采购，合同估算价合计达到以上规定标准的，必须招标。

**3. 可以不进行招标的项目**

（1）《中华人民共和国招标投标法》和《中华人民共和国招标投标法实施条例》中规定了可以不进行招标的特殊情形：

1）涉及国家安全、国家秘密、抢险救灾不适宜招标的；

2）属于利用扶贫资金实行以工代赈、需要使用农民工，不适宜进行招标的；

3）需要采用不可替代的专利或者专有技术；

4）采购人依法能够自行建设、生产或者提供；

5）已通过招标方式选定的特许经营项目投资人依法能够自行建设、生产或者提供；

6）需要向原中标人采购工程、货物或者服务，否则将影响施工或者功能配套要求；

7）国家规定的其他特殊情形。

（2）《房屋建筑和市政基础设施工程施工招标投标管理办法》规定了工程有下列情形之一的，经县级以上地方人民政府建设行政主管部门批准，可以不进行施工招标：

1）停建或者缓建后恢复建设的单位工程，且承包人未发生变更的；

2）施工企业自建自用的工程，且该施工企业资质等级符合工程要求的；

3）在建工程追加的附属小型工程或者主体加层工程，且承包人未发生变更的；

4）法律、法规、规章规定的其他情形。

## 1.2.4    建设工程招标的方式

**1. 招标方式**

《中华人民共和国招标投标法》中规定的招标方式有两种，即公开招标和邀请招标。

（1）公开招标

公开招标也称无限竞争性招标，是指招标人以招标公告的方式邀请不特定的法人或者其他组织投标的方式。

采用这种招标方式可为所有的承包商提供一个平等竞争的机会，业主有较大的选择余地，有利于降低工程造价，提高工程质量和缩短工期。不过，这种招标方式可能导致招标人对资格预审和评标工作量增大，招标费用支出增加；同时也使投标人中标概率减小，从而增加其投标前期风险。

一般情况下，法律规定的必须招标的工程建设项目，应当公开招标；有特殊情况的，经批准才可以进行邀请招标。

1-拓2
世界银行
推行的
招标方式

（2）邀请招标

邀请招标又称为有限竞争性招标，是指招标人根据自己的经验和所掌握的信息资料，以投标邀请书邀请特定的法人或者其他组织投标的方式。

国有资金占控股或者主导地位的依法必须进行招标的项目，应当公开招标；但有下列情形之一的，可以邀请招标：

1）技术复杂、有特殊要求或者受自然环境限制，只有少量潜在投标人可供选择；

2）采用公开招标方式的费用占项目合同金额的比例过大。

**2. 公开招标和邀请招标的主要区别**

（1）发布信息的方式不同

公开招标是发布公告；邀请招标是发布投标邀请书。

（2）选择承包人的范围不同

公开招标是面向全社会的，一切潜在的对招标项目感兴趣的法人和其他经济组织都可参加投标竞争，其竞争性体现得最为充分，招标人拥有绝对的选择余地，但事先不能掌握投标人的数量；邀请招标所针对的对象是事先已了解的法人或其他经济组织，投标人的数目有限，其竞争性是不完全、不充分的，招标人的选择范围相对较小，可能会漏掉在技术上或报价上更有竞争力的承包商或供应商。

（3）公开的程度不同

公开招标中，所有的活动都必须严格按照预先指定并为投标人所知的程序及标准公开进行，其作弊的可能性大大减小；而邀请招标的公开程度就相对逊色一些，产生不法行为的机会也就多一些。

（4）时间和费用不同

由于公开招标程序比较复杂，投标人的数量没有限定，所以其时间和费用都相对较多；而邀请招标只在有限的投标人中进行，所以其时间可大大缩短，费用也可有所减少。

## 1.2.5 建设工程招标的组织形式

从招标行为实施主体的自主性来看，招标的组织形式有自行招标和委托招标两种。

**1. 自行招标**

依法必须招标的项目经批准后，招标人如具备自行招标的能力，按规定向主管部门备案同意后，可进行自行招标。

根据《中华人民共和国招标投标法》第十二条的规定："招标人具有编制招标文件和组织评标能力的，可以自行办理招标事宜。任何单位和个人不得强制其委托招标代理机构办理招标事宜。"

《中华人民共和国招标投标法》虽然在一定程度上赋予了招标人选择招标组织形式的权利，但由于招标工作的复杂性和专业性要求，要求招标人只有在满足法定条件，即"具有编制招标文件和组织评标能力"的前提下，才可以自行招标。

《房屋建筑和市政基础设施工程施工招标投标管理办法》第十条规定："依法必须进行施工招标的工程，招标人自行办理施工招标事宜的，应当具有编制招标文件和组织评标的能力：

（一）有专门的施工招标组织机构；

（二）有与工程规模、复杂程度相适应并具有同类工程施工招标经验、熟悉有关工程施工招标法律法规的工程技术、概预算及工程管理的专业人员。

不具备上述条件的，招标人应当委托工程招标代理机构代理施工招标。"

**2. 委托招标**

招标人不具备自行招标能力的，必须委托相应招标代理机构代为办理招标事宜，即为委托招标。根据《中华人民共和国招标投标法》规定，招标人委托招标的，招标人有权自行选择招标代理机构，任何单位和个人不得以任何方式为招标人指定招标代理机构。

## 1.2.6　建设工程招标资格审查

招标人可以根据招标项目本身的特点和需要，要求潜在投标人或者投标人提供满足其资格要求的文件，对潜在投标人或者投标人进行资格审查；法律、行政法规对潜在投标人或者投标人的资格条件有规定的，依照其规定。

**1. 资格审查的方式**

资格审查分为资格预审和资格后审两种方式。

（1）资格预审

是指在投标前对潜在投标人进行的资格审查。采取资格预审的，招标人应当发布资格预审公告、编制资格预审文件，资格预审应当按照资格预审文件载明的标准和方法进行。国有资金占控股或者主导地位的依法必须进行招标的项目，招标人应当组建资格审查委员会审查资格预审申请文件。资格预审结束后，招标人应当及时向资格预审申请人发出资格预审合格通知书，并同时向资格预审不合格的投标申请人告知资格预审结果。

未通过资格预审的申请人不具有投标资格。通过资格预审的申请人少于3个的，应当重新招标。资格预审合格的投标申请人过多时，可以由招标人从中选择不少于7家资格预审合格的投标申请人。

（2）资格后审

是指在开标后对投标人进行的资格审查。进行资格预审的，一般不再进行资格后审，但招标文件另有规定的除外。招标人采用资格后审方式对投标人进行资格审查的，应当在开标后由评标委员会按照招标文件规定的标准和方法对投标人的资格进行审查。

**2. 资格审查的内容**

资格审查应主要审查潜在投标人或者投标人是否具备承担本项目施工的资质条件、能力和信誉。主要审查内容包括：

（1）是否具有独立订立合同的权利；

（2）是否具有履行合同的能力，包括专业、技术资格和能力，资金、设备和其他物质设施状况，管理能力，经验、信誉和相应的从业人员；

（3）是否处于被责令停业，投标资格被取消，财产被接管、冻结及破产等状态；

（4）在最近三年内是否有骗取中标和严重违约及重大工程质量问题；

（5）是否符合法律、法规规定的其他条件。

**3. 资格审查的禁止性规定**

资格审查时，招标人不得以不合理的条件限制、排斥潜在投标人，不得对潜在投标人实行歧视待遇。任何单位和个人不得以行政手段或者其他不合理方式限制投标人的数量。

## 1.2.7　建设工程招标的程序

建设工程的招标主要包括以下程序：

（1）成立招标组织，确定招标组织方式（由招标人自行招标或委托招标）；

（2）编制招标文件和标底（如果有）；

（3）发布招标公告或发出投标邀请书；

（4）对潜在投标人进行资质审查，并将审查结果通知各潜在投标人（如为资格后审则无此步骤）；

（5）发售招标文件；

（6）组织投标人踏勘现场、召开投标预备会（根据情况确定，可组织也可不组织），对招标文件进行答疑；

（7）接受投标文件；

（8）开标；

（9）评标；

（10）定标；

（11）签发中标通知书；

（12）签订合同。

## 1.2.8　建设工程施工招标应具备的条件

建设工程施工招标应当具备下列条件：

（1）按照国家有关规定需要履行项目审批手续的，已经履行审批手续；

（2）工程资金或者资金来源已经落实；

（3）有满足施工招标需要的设计文件及其他技术资料；

（4）法律、法规、规章规定的其他条件。

## 1.2.9　电子招标投标简介

随着数字化的发展，电子招标投标活动应用越来越广泛。所谓电子招标投标，是指根据招标投标相关法律法规规章，以数据电文为主要载体，依托电子招标投标系统，应用信息技术完成招标投标活动的过程。

**1. 相关法律法规**

为了规范电子招标投标活动，促进电子招标投标健康发展，根据《中华人民共和国招标投标法》《中华人民共和国招标投标法实施条例》，国家发展改革委、工业和信息化部、监察部、住房城乡建设部、交通运输部、铁道部、水利部、商务部联合制定了《电子招标投标办法》及相关附件，于 2013 年 5 月 1 日起施行。

2. 电子招标投标系统的分类

电子招标投标系统根据功能的不同，分为交易平台、公共服务平台和行政监督平台。

（1）交易平台是以数据电文形式完成招标投标交易活动的信息平台。交易平台主要用于在线完成招标投标全部交易过程，编辑、生成、对接、交换和发布有关招标投标数据信息，为行政监督部门和监察机关依法实施监督、监察和受理投诉提供所需的信息通道。

（2）公共服务平台是满足交易平台之间信息交换、资源共享需要，并为市场主体、行政监督部门和社会公众提供信息服务的信息平台。公共服务平台具有招标投标相关信息对接交换、发布、资格信誉和业绩验证、行业统计分析、连接评标专家库、提供行政监督通道等服务功能。

（3）行政监督平台是行政监督部门和监察机关在线监督电子招标投标活动的信息平台。

3. 电子招标

招标人在其使用的电子招标投标交易平台注册登记，并在资格预审公告、招标公告或者投标邀请书中载明潜在投标人访问电子招标投标交易平台的网络地址和方法。

招标人将数据电文形式的资格预审文件、招标文件加载至电子招标投标交易平台，供潜在投标人下载或者查阅。对资格预审文件、招标文件进行澄清或者修改的，也通过电子招标投标交易平台以醒目的方式公告澄清或者修改的内容，并以有效方式通知所有已下载资格预审文件或者招标文件的潜在投标人。

4. 电子投标

投标人在资格预审公告、招标公告或者投标邀请书载明的电子招标投标交易平台注册登记，如实递交有关信息，并经电子招标投标交易平台运营机构验证。通过资格预审公告、招标公告或者投标邀请书载明的电子招标投标交易平台递交数据电文形式的资格预审申请文件或者投标文件。在投标截止时间前完成投标文件的传输递交，并可以补充、修改或者撤回投标文件。投标截止时间前未完成投标文件传输的，视为撤回投标文件。投标截止时间后送达的投标文件，电子招标投标交易平台将拒收。

电子招标投标交易平台收到投标人送达的投标文件，会即时向投标人发出确认回执通知，并妥善保存投标文件。在投标截止时间前，除投标人补充、修改或者撤回投标文件外，任何单位和个人不得解密、提取投标文件。

5. 电子开标、评标和中标

电子开标按照招标文件确定的时间，在电子招标投标交易平台上公开进行，所有投标人均应当准时在线参加开标。

开标时，电子招标投标交易平台自动提取所有投标文件，提示招标人和投标人按招标文件规定方式按时在线解密。解密全部完成后，向所有投标人公布投标人名称、投标价格和招标文件规定的其他内容。电子招标投标交易平台生成开标记录并向社会公众公布，但依法应当保密的除外。

评标委员会成员在依法设立的招标投标交易场所登录招标项目所使用的电子招标投标交易平台进行评标。完成评标后，通过电子招标投标交易平台向招标人提交数据电文形式的评标报告。

依法必须进行招标的项目中标候选人和中标结果在电子招标投标交易平台进行公示和公布。

招标人确定中标人后，通过电子招标投标交易平台以数据电文形式向中标人发出中标通知书，并向未中标人发出中标结果通知书。

最后，招标人通过电子招标投标交易平台，以数据电文形式与中标人签订合同。

# 招标准备

**教学目标**

**1. 知识目标**

（1）了解招标人的岗位职能；

（2）熟悉招标的程序；

（3）掌握招标过程中的关键工作步骤及其时间要求。

**2. 能力目标**

（1）能进行团队组建，并进行角色分工；

（2）能根据具体项目编制招标计划；

（3）提高统筹能力和沟通能力。

**3. 思政目标**

（1）树立团队协作意识；

（2）注重时间观念，守时守信。

引文

从本项目开始，我们将作为招标人来组织招标活动。首先，需要组建一个团队，一起来开展工作；同时，还需要制定好计划，把握时间进度。

# 任务 2.1 组建招标团队

为确保建设工程招标工作能按照国家有关法律规定顺利进行，并最终达到招标人"择优选定中标人"的目的，招标人应当根据项目具体情况建立招标团队，负责具体项目的招标事宜。

## 2.1.1 团队的组建

招标人如采用自行招标方式，则需要自行组建专门的招标机构，配备专职招标业务人员。如采用委托招标方式，则需明确与招标代理机构的联络人员；受委托的招标代理机构应建立项目组，配备相关业务人员。

## 2.1.2　团队的分工

项目的招标小组应设置项目负责人 1 名，对整个招标项目进行组织统筹。应配备与招标工程相适应的经济、技术管理人员，对项目商务性、技术性部分进行把关；配备招标投标招标文书，要求熟悉招标投标流程，熟悉招标文件的编制规则，能对整个招标流程进行控制、能对各种文本进行编辑。

## 任务 2.2　编制招标计划

作为招标人，要根据招标的程序要求、时间要求等，做出项目的招标工作计划，以便掌握整个项目招标的进程。本任务以公开招标、资格后审方式为主线，介绍招标程序及各关键工作步骤的时间节点要求。

## 2.2.1　公开招标的流程

公开招标（资格后审）包括的主要工作流程，如图 2-1 所示。

2-1
公开招标
（资格后审）
基本流程

图 2-1　公开招标工作流程

2-拓1
招标代理
违法违规
警示案例

**1. 发布招标公告**

招标公告的作用是让潜在投标人获得招标信息，以便决定是否参与投标竞争。《中华人民共和国招标投标法》第十六条规定："招标人采用公开招标方式的，应当发布招标公告。依法必须进行招标的项目的招标公告，应当通过国家指定的报刊、信息网络或者其他媒介发布。"

进行资格预审的项目，则发布资格预审公告。

《中华人民共和国招标投标法》第十七条规定："招标人采用邀请招标方式的，应当向三个以上具备承担招标项目能力、资信良好的特定的法人或者其他组织发出投标邀请书。"

**2. 发售招标文件**

招标人应当按照资格预审公告、招标公告或者投标邀请书规定的时间、地点发售资格预审文件或者招标文件。资格预审文件或者招标文件的发售期不得少于 5 日。

**3. 组织现场踏勘**

招标人可根据项目需要决定是否组织现场踏勘。如组织现场踏勘，应在招标文件中载明。招标人不得组织单个或者部分潜在投标人踏勘项目现场。组织现场踏勘应当在招标文件发售截止后、投标预备会前进行。

**4. 召开投标预备会**

如计划召开投标预备会的，招标人则按投标人须知前附表规定的时间和地点召开投标预备会。会议的目的主要有两个：一是介绍工程概况；二是进行答疑，澄清投标人提出的问题。

投标人研究招标文件和进行现场踏勘后，可能会提出某些问题，招标人可以及时书面解答，也可以留待投标预备会上解答。会议结束后，招标人必须将会前的书面解答、会议的记录以书面通知形式送达所有招标文件收受人，以保证招标的公开和公平。这些通知作为补充文件构成招标文件的组成部分，具有同等法律效力。

投标预备会如做出了影响投标文件编制的澄清或修改，则应当距招标文件规定的投标截止时间至少 15 日；如不足 15 日，则需要顺延投标截止时间。所以，投标预备会召开时间距投标截止时间最好超过 15 天。

**5. 接收投标文件**

招标人应当在招标文件中明确接收投标文件的截止时间，并在截止时间前在招标文件预先确定的地点接收投标人的投标文件。

招标人应当确定投标人编制投标文件所需要的合理时间。依法必须进行招标的项目，自招标文件开始发出之日起至投标人提交投标文件截止之日止，最短不得少于 20 日。

招标人对已发出的招标文件进行必要的澄清或者修改的，应当在招标文件要求提交投标文件截止时间至少 15 日前。不足 15 日的，招标人应当顺延提交投标文件的截止时间。

招标人收到投标文件后，应当签收保存，不得开启。在招标文件要求提交投标文件的截止时间后送达的投标文件，招标人应当拒收。

**6. 开标**

开标应当在招标文件确定的提交投标文件截止时间的同一时间公开进行；开标地点应当为招标文件中预先确定的地点。

投标人少于 3 个的，不得开标，招标人应当重新招标。

**7. 评标**

评标由招标人依法组建的评标委员会负责。一般的做法是开标后马上开始评标，如当日不能开始评标，则需在开标之后做好记录并封存投标文件。

**8. 中标候选人公示**

依法必须进行招标的项目，招标人应当自收到评标报告之日起 3 日内公示中标候选人，公示期不得少于 3 个工作日。

**9. 发出中标通知书**

中标人确定后，招标人应当向中标人发出中标通知书，并同时将中标结果通知所有未中标的投标人。

**10. 签订合同**

招标人和中标人应当自中标通知书发出之日起 30 日内，按照招标文件和中标人的投标文件订立书面合同。

**11. 退还投标保证金**

招标人最迟应当在书面合同签订后 5 日内向中标人和未中标的投标人退还投标保证金及银行同期存款利息。

**12. 备案**

依法必须进行招标的项目，招标人应当自确定中标人之日起 15 日内，向有关行政监督部门提交招标投标情况的书面报告。

2-2
邀请招标
基本流程

## 2.2.2　公开招标各工作步骤的时间要求

公开招标的关键工作步骤及各步骤的时间要求见表 2-1。

公开招标关键工作步骤及时间要求　　　　　　　　　　　　　　表 2-1

| 序号 | 关键工作步骤 | 时间要求说明 |
|---|---|---|
| 1 | 发布招标公告 | 纸质媒介公告发布时间不得少于 5 日。采用网络方式发布后，公告多年仍可查询，已不存在公布时长的问题 |
| 2 | 发售招标文件 | 招标文件的发售期不得少于 5 个工作日，通常与上一步骤同步进行 |
| 3 | 现场踏勘 | 时间安排在招标文件发售截止后，由招标人根据项目实际情况安排 |
| 4 | 投标预备会 | 现场踏勘结束后，根据项目实际情况安排时间。一般尽量安排距投标截止时间 15 日以上 |
| 5 | 接收投标文件 | 接收投标文件的截止时间即投标文件提交截止时间。自招标文件开始发出之日至投标人提交投标文件截止之日止，最短不得少于 20 日 |
| 6 | 开标 | 为提交投标文件截止时间的同一时间，一般在工作日进行 |
| 7 | 评标 | 一般开标后即进行 |
| 8 | 中标候选人公示 | 自收到评标报告之日起 3 日内公示中标候选人，公示期不得少于 3 个工作日，自挂网次日起算 |
| 9 | 发出中标通知书 | 中标公示结束后，投标有效期内进行 |
| 10 | 签订合同 | 自中标通知书发出之日起 30 日内进行 |

| 序号 | 关键工作步骤 | 时间要求说明 |
|------|--------------|--------------|
| 11 | 退还投标保证金 | 招标人最迟应当在书面合同签订后 5 日内向中标人和未中标的投标人退还投标保证金及银行同期存款利息 |
| 12 | 招标结果备案 | 自确定中标人之日起 15 日内,向有关行政监督部门提交招标投标情况的书面报告 |

# 项目 **3**

# 发布招标公告

## 教学目标

### 1. 知识目标
（1）了解发布招标公告的作用和目的；
（2）熟悉招标公告的内容和格式；
（3）掌握招标公告关键内容的编写要求；
（4）掌握招标公告发布的基本规定。

### 2. 能力目标
（1）能根据项目实际情况，编制招标公告；
（2）能进行文本编辑。

### 3. 思政目标
（1）树立公开、公平、公正的意识；
（2）培养严谨认真的工作态度。

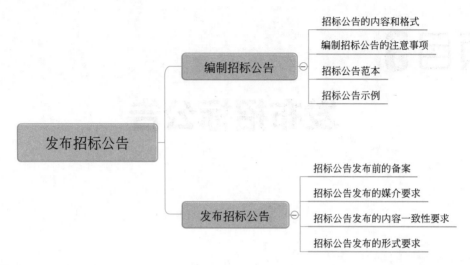

　　要让更多潜在投标人来参与投标竞争，需要把项目要进行招标的意思表示发布出去，这就要编制和发布招标公告。在合同订立过程中，发布招标公告为"要约邀请"，即邀请他人向自己发出要约。

## 任务 3.1　编制招标公告

　　招标公告包含了招标项目的主要信息。发布招标公告的目的，是使潜在投标人获取相关信息，以做出是否参与投标竞争的决策。

　　《中华人民共和国招标投标法》第十六条规定："招标人采用公开招标方式的，应当发布招标公告。"《招标公告和公示信息发布管理办法》改变了以往以纸质媒介为主的招标公告发布制度，形成了依托电子招标投标系统发布信息的制度，对依托电子招标投标系统发布招标公告做了详细规定。《房屋建筑和市政基础设施工程施工招标投标管理办法》则针对依法必须进行施工公开招标的工程项目的招标公告从公告内容、发布媒介等方面做出规定。

### 3.1.1　招标公告的内容和格式

#### 1. 招标公告的内容

　　根据《招标公告和公示信息发布管理办法》第五条规定："依法必须招标项目的资格预审公告和招标公告，应当载明以下内容：

　　（一）招标项目名称、内容、范围、规模、资金来源；

（二）投标资格能力要求，以及是否接受联合体投标；

（三）获取资格预审文件或招标文件的时间、方式；

（四）提交资格预审文件或投标文件的截止时间、方式；

（五）招标人及其招标代理机构的名称、地址、联系人及联系方式；

（六）采用电子招标投标方式的，潜在投标人访问电子招标投标交易平台的网址和方法；

（七）其他依法应当载明的内容。"

**2. 施工招标公告的编制依据**

编制招标公告应当按照相关法律法规和各类标准文件进行，标准文件和范本的第一部分对招标公告的格式和内容做了规定和说明。以下文件是施工招标公告编制的主要依据：

（1）《中华人民共和国标准施工招标文件》。适用于一定规模以上，且设计和施工不是由同一承包人承担的工程施工招标。

（2）《中华人民共和国简明标准施工招标文件》。适用于工期不超过 12 个月、技术相对简单，且设计和施工不是由同一承包人承担的小型项目施工招标。

（3）《中华人民共和国标准设计施工总承包招标文件》。适用于设计施工一体化的总承包招标。

（4）地方行政管理部门印发的房屋建筑和市政工程施工招标文件范本。

## 3.1.2　编制招标公告的注意事项

**1. 公告内容完整**

招标公告必须做到内容真实、准确可靠，不得有虚假和误导性陈述，不得遗漏依法必须公告的事项，不得与招标文件实质内容规定不一致。

**2. 公告信息准确**

招标人的名称、地址、招标项目名称、性质、数量、项目实施地点和时间、项目联系人等信息要真实、准确、完整。

**3. 时间规定合法**

招标公告中相关时间的规定要符合法律法规的要求。主要关注两个时间节点，一是招标文件的发售时间不得少于 5 个工作日，二是自招标文件开始发出之日起至提交投标文件截止之日不得少于 20 日。

**4. 投标条件合理**

招标公告设定的投标人资质资格条件应符合法律法规要求和项目需求，不得有歧视性和倾向性条款；资质条件的名称和级别要准确、清晰。

3-1
投标邀请书（适用于邀请招标）（范本）

## 3.1.3　招标公告范本

《中华人民共和国标准施工招标文件》（国家九部委令〔2007〕第 56 号）中的招标公告内容及格式如下：

# _____（项目名称）_____标段施工招标公告

## 1. 招标条件

本招标项目_____（项目名称）已由_____（项目审批、核准或备案机关名称）以_____（批文名称及编号）批准建设，项目业主为_____，建设资金来自_____（资金来源），项目出资比例为_____，招标人为_____。项目已具备招标条件，现对该项目的施工进行公开招标。

## 2. 项目概况与招标范围

_____（说明本次招标项目的建设地点、规模、计划工期、招标范围、标段划分等）。

## 3. 投标人资格要求

3.1 本次招标要求投标人须具备_____资质，_____业绩，并在人员、设备、资金等方面具有相应的施工能力。

3.2 本次招标_____（接受或不接受）联合体投标。联合体投标的，应满足下列要求：_____。

3.3 各投标人均可就上述标段中的_____（具体数量）个标段投标。

## 4. 招标文件的获取

4.1 凡有意参加投标者，请于_____年_____月_____日至_____年_____月_____日（法定公休日、法定节假日除外），每日上午_____时至_____时，下午_____时至_____时（北京时间，下同），在_____（详细地址）持单位介绍信购买招标文件。

4.2 招标文件每套售价_____元，售后不退。图纸押金_____元，在退还图纸时退还（不计利息）。

4.3 邮购招标文件的，需另加手续费（含邮费）_____元。招标人在收到单位介绍信和邮购款（含手续费）后_____日内寄送。

## 5. 投标文件的递交

5.1 投标文件递交的截止时间（投标截止时间，下同）为_____年_____月_____日_____时_____分，地点为_____。

5.2 逾期送达的或者未送达指定地点的投标文件，招标人不予受理。

## 6. 发布公告的媒介

本次招标公告同时在_____（发布公告的媒介名称）上发布。

## 7. 联系方式

| 招 标 人：_____ | 招标代理机构：_____ |
|---|---|
| 地　　址：_____ | 地　　址：_____ |
| 邮　　编：_____ | 邮　　编：_____ |
| 联 系 人：_____ | 联 系 人：_____ |
| 电　　话：_____ | 电　　话：_____ |
| 传　　真：_____ | 传　　真：_____ |

电子邮件：_____　　电子邮件：_____

网　　址：_____　　网　　址：_____

开户银行：_____　　开户银行：_____

账　　号：_____　　账　　号：_____

_____年_____月_____日

## 3.1.4　招标公告示例

### 广西×××招标中心有限公司广西×××学校9号宿舍楼钢结构建设工程
### （项目编号：GXZC2020-××-000102-GLZB）
### 施工招标公告

**1. 招标条件**

本招标项目广西×××学校9号宿舍楼钢结构建设工程由广西壮族自治区财政厅以广西政采【2020】166号-001文批准建设，招标人为广西×××学校，建设资金来自财政资金，项目出资比例为100%。项目已具备招标条件，现对该项目的施工进行公开招标。

**2. 项目概况及招标范围**

项目编号：GXZC2020-××-000102-GLZB。

建设地点：南宁市×××××××××。

建设规模：本工程为广西×××学校9号宿舍楼钢结构建设工程，总建筑面积2565.29m²，地上2层，建筑高度6.6m，钢结构；包含地面硬化工程、土建工程、水电安装工程。

合同估算价：约540万元。

要求工期：70日历天。

质量等级：合格。

招标范围：本工程范围内的地面硬化工程、土建工程、水电安装工程，具体详见施工图纸及工程量清单。

标段划分：无。

设计单位：广西×××建筑设计有限公司。

勘察单位：广西××有限公司。

**3. 投标人资格要求**

3.1 本次招标要求投标人须符合《广西壮族自治区建筑市场诚信卡管理暂行办法》（桂建管〔2013〕17号）和《关于加强广西建筑业企业诚信信息库日常维护管理

3-2
投标邀请书及投标回函
（示例）

的通知》（桂建管〔2014〕25号）的规定，已办理诚信库入库手续并处于有效状态，具备建筑工程施工总承包叁级（含）以上资质，并在人员、设备、资金等方面具备相应的施工能力。其中，投标人拟派项目经理须具备建筑工程专业二级（含以上级）注册建造师执业资格，已录入广西建筑业企业诚信信息库并处于有效状态，具备有效的安全生产考核合格证书（B类）。本项目不接受有在建、已中标未开工或已列为其他项目中标候选人第一名的建造师作为项目经理（符合《广西壮族自治区建筑市场诚信卡管理暂行办法》第十六条第一款除外）。

3.2 业绩要求：☑无要求 □有要求

3.3 本次招标不接受联合体投标。

3.4 投标人信息以广西建筑业企业诚信信息库为准。

3.5 在经营活动中没有重大违法记录和不良信用记录；被列入失信被执行人、重大税收违法案件当事人名单、政府采购严重违法失信行为记录名单及其他不符合《中华人民共和国政府采购法》第二十二条规定条件的投标人，将被拒绝其参与本次政府采购活动。投标人可在"信用中国"网站（http：//www.creditchina.gov.cn）、中国政府采购网（http：//www.ccgp.gov.cn）查询相关投标人主体信用记录，同时须在投标文件中将查询结果截图加盖单位公章如实报告评标委员会。

**4. 招标文件的获取**

4.1 本项目招标文件为网上免费下载。2020年2月12日至2020年2月19日，潜在投标人可以登录广西壮族自治区公共资源交易中心网站（网址：http：//gxggzy.gxzf.gov.cn），按网站规定的流程下载招标文件。

4.2 本项目有图纸，图纸由各投标人自行登录广西壮族自治区公共资源交易中心网站（网址：http：//gxggzy.gxzf.gov.cn）免费下载。

4.3 本项目的工程量清单可登录广西壮族自治区公共资源交易中心网站免费下载（网址：http：//gxggzy.gxzf.gov.cn），操作流程与下载招标文件相同。

**5. 投标文件的递交**

5.1 投标文件递交的截止时间（投标截止时间，下同）为2020年3月4日10时00分，地点为广西壮族自治区政务服务中心4楼广西壮族自治区公共资源交易中心（南宁市青秀区怡宾路6号）公开开标（具体开标室根据电子屏幕显示的安排）。

5.2 逾期送达的或者未送达指定地点的投标文件，招标人不予受理。

5.3 投标文件必须由企业法定代表人或其授权的专职投标员本人递交，并持专职投标员本人身份证原件（如为法定代表人递交时可持本人身份证原件及本企业任一专职投标员的身份证复印件）、拟投入的项目经理和所有专职安全员的身份证复印件通过验证，否则投标无效。投标人拟投入项目经理被标注为注册状态异常的，拟投入的项目经理本人须持本人身份证原件出席开标会现场，否则招标人有权拒绝该投标人投标。

**6. 评标方式**

综合评估法。

# 建设工程招标投标与合同管理

## 技能训练手册

班级＿＿＿＿＿＿＿＿＿＿

学号＿＿＿＿＿＿＿＿＿＿

姓名＿＿＿＿＿＿＿＿＿＿

中国建筑工业出版社

# 目　录

# 项目1 建设工程招标投标基础知识

## 任务1.1 基础知识问答

**【思考与练习】**

**1. 选择题**

(1) 某工程建设项目招标人在招标文件中规定了只有获得过本省工程质量奖项的潜在投标人才有资格参加该项目的投标。根据《中华人民共和国招标投标法》，这个规定违反了（　　）原则。

A. 公开　　　　　B. 公平　　　　　C. 公正　　　　　D. 诚实信用

(2) 必须招标范围内的项目，其施工单项合同估算价在（　　）万元人民币以上的，必须进行招标。

A. 200　　　　　B. 100　　　　　C. 150　　　　　D. 400

(3)《中华人民共和国招标投标法》规定："招标人采用邀请招标方式，应当向（　　）个以上具备承担招标项目的能力、资信良好的特定的法人或者其他组织发出投标邀请书。"

A. 2　　　　　B. 3　　　　　C. 4　　　　　D. 5

(4)《中华人民共和国招标投标法》规定："投标人少于（　　）个的，招标人应当依照本法重新招标。"

A. 3　　　　　B. 2　　　　　C. 5　　　　　D. 没具体规定

**2. 填空题**

(1) 建设工程发包的方式有＿＿＿＿＿＿＿＿和＿＿＿＿＿＿＿＿＿＿。

(2) 招标的方式有＿＿＿＿＿＿＿＿和＿＿＿＿＿＿＿＿。

(3) 招标的组织形式有＿＿＿＿＿＿＿＿和＿＿＿＿＿＿＿＿。

(4) 招标投标资格审查的方式有＿＿＿＿＿＿＿＿和＿＿＿＿＿＿＿＿。

(5) 招标投标活动应当遵循的基本原则是＿＿＿＿＿＿＿、＿＿＿＿＿＿＿、＿＿＿＿＿＿＿和＿＿＿＿＿＿＿。

(6) 必须招标的建设工程项目包括：

1) ＿＿＿＿＿＿＿＿＿＿＿＿＿＿＿＿＿＿＿＿＿＿＿＿＿；

2) ＿＿＿＿＿＿＿＿＿＿＿＿＿＿＿＿＿＿＿＿＿＿＿＿＿；

3) ＿＿＿＿＿＿＿＿＿＿＿＿＿＿＿＿＿＿＿＿＿＿＿＿＿。

（7）必须招标范围内的项目，其勘察、设计、施工、监理以及与工程建设有关的重要设备、材料等的采购达到下列标准之一的，必须招标：

1）施工单项合同估算价在_____万元人民币以上；

2）重要设备、材料等货物的采购，单项合同估算价在_____万元人民币以上；

3）勘察、设计、监理等服务的采购，单项合同估算价在_____万元人民币以上。

# 项目 2 招标准备

## 任务 2.1 组建招标团队

### 【任务要求】

1.成立学习小组，便于今后开展学习和实训。

2.开展组内分工，形成组织框架。

3.开展组内讨论，初步形成团队价值观。

### 【任务实施】

#### 1.分组

根据班级情况，将学生分成若干小组，每个小组成员人数以 6~8 人为宜。分组方式可根据班级具体情况进行选择：

（1）指定小组负责人，由小组负责人"组阁"。

（2）随机抽签分组。

（3）教师指定分组。

（4）其他。

#### 2.团队建设

各小组自行组织开展讨论，完成以下几项内容：

（1）进行团队分工。各团队推选项目经理（组长）1 人，其他成员分为流程控制组、技术组和商务组。

（2）确定团队名称、LOGO、价值观（口号）等。本阶段训练团队角色为招标人，各团队模拟成为各招标代理机构。

（3）明确团队目标。今后，将按照分组开展学习和实训，小组成员要团结协作，共同完成任务。

### 【任务成果】

1.填写团队信息表。

2.团队风采展示。各团队在课堂上展示团队风采，展示内容包括团队名称、LOGO、口号、团队分工等。

**【任务评价】**

| 评价项目 | 分值 | 自评分<br>(20%) | 互评分<br>(30) | 教师评分<br>(50%) | 总分 |
|---|---|---|---|---|---|
| 工作考勤 | 20 | | | | |
| 工作态度 | 20 | | | | |
| 任务分析思路 | 10 | | | | |
| 任务完成情况 | 30 | | | | |
| 协作与沟通 | 10 | | | | |
| 归纳总结 | 10 | | | | |
| 合　计 | 100 | | | | |

**【任务总结】**

**【任务成果】**

### 团队信息表

| 公司名称 | |
|---|---|
| 项目经理 | |
| 流程控制组成员 | |
| 商务组成员 | |
| 技术组成员 | |
| 团队价值观 | |
| 团队 LOGO | |

# 任务 2.2 编制招标工作计划

## 【任务要求】

1.根据设定的条件，编制项目招标工作计划。

2.时间安排必须符合法律法规的相关规定，且满足最高效原则，即项目招标实施所需时长最短。

## 【任务实施】

1.小组讨论分析任务目标和项目设定条件。

2.明确招标工作主要工作内容。

3.确定各工作所需时长，根据设定条件填写相应时间安排。

4.检查时间安排是否符合相关法律法规要求。

## 【任务成果】

1.填写招标工作计划表。

2.完成"思考与练习"。

## 【任务评价】

| 评价项目 | 分值 | 自评分<br>（20%） | 互评分<br>（30） | 教师评分<br>（50%） | 总分 |
| --- | --- | --- | --- | --- | --- |
| 工作考勤 | 20 | | | | |
| 工作态度 | 20 | | | | |
| 任务分析思路 | 10 | | | | |
| 任务完成情况 | 30 | | | | |
| 协作与沟通 | 10 | | | | |
| 归纳总结 | 10 | | | | |
| 合　计 | 100 | | | | |

## 【任务总结】

**【任务成果1】**

根据以下资料，完成该项目的招标工作计划表。

设定项目采用公开招标、资格后审方式进行，项目名称＿＿＿＿＿＿＿＿＿，发布招标公告时间设定为＿＿＿＿年＿＿＿＿月＿＿＿＿日。

＿＿＿＿＿＿＿＿项目招标工作计划表

| 序号 | 工作内容 | 时间安排 | 备注 |
|---|---|---|---|
| 1 | 发布招标公告 | ＿＿＿＿年＿＿＿＿月＿＿＿＿日 | |
| | | | |
| | | | |
| | | | |
| | | | |
| | | | |
| | | | |
| | | | |
| | | | |
| | | | |
| | | | |
| | | | |
| | | | |
| | | | |
| | | | |

**【任务成果2】——思考与练习**

（1）绘制公开招标采用资格预审时的工作流程图。

（2）绘制邀请招标的工作流程图。

# 项目 3　发布招标公告

## 任务 3.1　编制招标公告

**【任务要求】**

根据项目基本情况，按照《中华人民共和国简明标准施工招标文件》招标公告范本或本地区招标公告范本，编制完成招标公告。

**【任务实施】**

1. 分析项目情况。
2. 编制完成招标公告。
3. 按照公文格式完成文本的编辑。
4. 组内成员互相进行审核。

**【任务成果】**

1. 编制完成招标公告。
2. 填写招标公告审核表。

**【任务评价】**

| 评价项目 | 分值 | 自评分（20%） | 互评分（30） | 教师评分（50%） | 总分 |
|---|---|---|---|---|---|
| 工作考勤 | 20 | | | | |
| 工作态度 | 20 | | | | |
| 任务分析思路 | 10 | | | | |
| 任务完成情况 | 30 | | | | |
| 协作与沟通 | 10 | | | | |
| 归纳总结 | 10 | | | | |
| 合计 | 100 | | | | |

**【任务总结】**

**【项目情况】**

××市××县××局业务技术用房建设项目，该工程由××县发展和改革局以《关于××县××局业务技术用房项目建议书的批复（×发改［2019］173号）》批准建设，招标人（项目业主）为××县××局，建设资金来自财政项目出资比例为100.00％。经批准采用公开招标方式选择施工单位，项目招标编号：BSZC2019-G2-100××-KLZB。项目位于××县324国道旁，建设规模为新建1栋6层业务技术用房，总建筑面积为7622.97㎡，计划投资1800.00万元，计划工期为360日历天。工程质量要求为：达到国家质量检验与评定标准合格等级。投标人须已办理诚信库入库手续并处于有效状态，具备建筑工程施工总承包三级（含）以上资质，项目经理须具备建筑工程二级（含）以上专业注册建造师执业资格、具备有效的建筑市场诚信卡和安全生产考核合格证书（B类）。不接受联合体投标。招标文件计划于2020年3月10日开始发售。

**【任务成果1】——招标公告**

教师可根据具体情况选择模板1、模板2或自行选择本地范本供学生训练。

**模板1：《简明标准施工招标文件》招标公告**

---

　　　　　　　　　　　　（项目名称）施工招标公告

1. 招标条件

　　本招标项目　　　　　　　　（项目名称）已由　　　　　　　　（项目审批、核准或备案机关名称）以　　　　　　　　（批文名称及编号）批准建设，项目业主为　　　　　　　　，建设资金来自　　　　　　　　（资金来源），项目出资比例为　　　　　　，招标人为　　　　　　　　。项目已具备招标条件，现对该项目施工进行公开招标。

2. 项目概况与招标范围

　　　　　　　　　　　　　　　　　　（说明本次招标项目的建设地点、规模、计划工期、招标范围等）。

3. 投标人资格要求

　　本次招标要求投标人须具备　　　　　　　　资质，并在人员、设备、资金等方面具有相应的施工能力。

4. 招标文件的获取

　　4.1 凡有意参加投标者，请于　　　年　　　月　　　日至　　　年　　　月　　　日，每日上午　　　时至　　　时，下午　　　时至　　　时（北京时间，下同），在　　　　　　　　（详细地址）持单位介绍信购买招标文件。

---

4.2 招标文件每套售价_____元，售后不退。图纸资料押金_____元，在退还图纸资料时退还（不计利息）。

4.3 邮购招标文件的，需另加手续费（含邮费）_____元。招标人在收到单位介绍信和邮购款（含手续费）后_____日内寄送。

5. 投标文件的递交

5.1 投标文件递交的截止时间（投标截止时间，下同）为_____年_____月_____日_____时_____分，地点为_____。

5.2 逾期送达的或者未送达指定地点的投标文件，招标人不予受理。

6. 发布公告的媒介

本次招标公告同时在_____（发布公告的媒介名称）上发布。

7. 联系方式

| | |
|---|---|
| 招　标　人：_____ | 招标代理机构：_____ |
| 地　　　址：_____ | 地　　　址：_____ |
| 邮　　　编：_____ | 邮　　　编：_____ |
| 联　系　人：_____ | 联　系　人：_____ |
| 电　　　话：_____ | 电　　　话：_____ |
| 传　　　真：_____ | 传　　　真：_____ |
| 电子邮件：_____ | 电子邮件：_____ |
| 网　　　址：_____ | 网　　　址：_____ |
| 开户银行：_____ | 开户银行：_____ |
| 账　　　号：_____ | 账　　　号：_____ |
| | _____年_____月_____日 |

**模板 2：《广西壮族自治区房屋建筑和市政工程施工招标文件范本（2019 年版）》招标公告**

_____（项目名称）施工招标公告

1. 招标条件

本招标项目_____（项目名称）已由_____（项目审批、核准或备案机关名称）以_____（批文名称、文号、项目代码）批准建设，招标人（项目业主）为_____，建设资金来自_____（资金来源），项目出资比例为_____。项目已具备招标条件，现对该项目的施工进行公开招标。

2.项目概况与招标范围

　　项目招标编号：_____

　　报建号（如有）：_____

　　建设地点：_____

　　建设规模：_____

　　合同估算价：_____

　　要求工期：_____日历天，定额工期_____日历天【备注：建筑安装工程定额工期应按《建筑安装工程工期定额》TY01-89-2016确定，工期压缩时，宜组织专家论证，且在招标工程量清单中增设提前竣工（赶工补偿）费项目清单】。

　　招标范围：_____

　　标段划分：无_____

　　设计单位：__×××××_____

　　勘察单位：__×××××_____

3.投标人资格要求

　　3.1 本次招标要求投标人须已办理诚信库入库手续并处于有效状态，具备_____资质【备注：招标人应当根据国家法律法规对企业资质等级许可的相关规定以及招标项目特点，合理设置企业资质等级，不得提高资质等级要求；资质设置为施工总承包已可满足项目建设要求的，不得额外同时设置专业承包资质】，并在人员、设备、资金等方面具备相应的施工能力。其中，投标人拟派项目经理须具备_____专业_____级以上（含本级）注册建造师执业资格【备注：招标人应当根据项目规模，按照注册建造师执业工程规模标准，合理设置注册建造师等级，不应提高资格要求】，已录入广西建筑业企业诚信信息库并处于有效状态，具备有效的安全生产考核合格证书（B类）。本项目不接受有在建、已中标未开工或已列为其他项目中标候选人第一名的建造师作为项目经理（符合《广西壮族自治区建筑市场诚信卡管理暂行办法》第十六条第一款除外）。

　　3.2 业绩要求：☑无要求　□有要求

　　3.3 本次招标_____（接受或不接受）联合体投标。联合体投标的，应满足下列要求：_____。

　　3.4 各投标人可就本招标项目的所有标段进行投标，并允许中标所有标段。但投标人应就不同标段派出不同的项目经理和项目专职安全员，否则同一项目经理或项目专职安全员所投其他标段作否决投标处理（符合桂建管〔2013〕17号和桂建管〔2014〕25号文除外）。

3.5 根据最高人民法院等九部委《关于在招标投标活动中对失信被执行人实施联合惩戒的通知》(法〔2016〕285 号)规定,投标人不得为失信被执行人〔以评标阶段通过"信用中国"网站(www.creditchina.gov.cn)查询的结果为准〕。

根据《广西壮族自治区建筑市场主体"黑名单"管理办法(试行)》(桂建发〔2018〕5 号)规定,投标人、拟派项目经理不得为建筑市场主体"黑名单"(以评标阶段通过建筑市场监管与诚信信息一体化平台查询的结果为准)【备注:此款可由招标人自主选择,如不采用,还须向本项目招标的监督部门说明理由】。

3.6 投标人信息以广西建筑业企业诚信信息库为准。

4. 招标文件的获取

_____年_____月_____日至_____年_____月_____日,由潜在投标人的专职投标员凭本人的身份证证号及密码或企业 CA 锁登录××市公共资源招投标网上交易系统(http://www.bsggzy.cn/gxbshy)下载招标文件。

5. 投标文件的递交

5.1 投标文件应通过广西电子招标投标系统提交,截止时间(投标截止时间,下同)为_____年_____月_____日 9 时 00 分。未加密的电子投标文件光盘提交地点为××市公共资源交易中心(当地交易中心)。

5.2 投标人须在投标截止前将加密的投标文件通过××市公共资源招投标网上交易系统(http://www.bsggzy.cn/gxbshy)成功上传,并将与成功上传的投标文件同一时间生成的未加密投标文件电子文本刻录光盘包装密封后,于投标截止前由企业法定代表人或其授权的专职投标员提交到百色市公共资源交易中心,并持专职投标员本人身份证原件(如为法定代表人递交时可持本人身份证原件及本企业任一专职投标员的身份证复印件)、拟投入的项目经理和所有专职安全员的身份证复印件通过广西电子招标投标系统验证,否则投标无效。投标人拟投入项目经理被标注为注册状态异常的,拟投入的项目经理本人须持本人身份证原件出席开标会现场,否则招标人有权拒绝该投标人投标。

6. 评标方式

　　□经评审的合理低价法　☑综合评估法

7. 发布公告的媒介

本次招标公告同时在_____上发布。

8. 交易服务单位

　　××市公共资源交易中心

9. 监督部门及电话

　　××县政府采购管理办公室，联系电话：0776-72150××。

　　××县建设工程招标投标管理站，联系电话：0776-72109××。

10. 联系方式

| 招　标　人： | 招标代理机构： |
|---|---|
| 地　　　址： | 地　　　址： |
| 邮　　　编： | 邮　　　编： |
| 联　系　人： | 联　系　人： |
| 电　　　话： | 电　　　话： |
| 传　　　真： | 传　　　真： |
| 电子邮件： | 电子邮件： |
| 网　　　址： | 网　　　址： |

　　　　　　　　　　　　　　　　　年　　　月　　　日

**【任务成果2】**

招标公告审核表

| 序号 | 审核内容及标准 | 审核结果 | 备注 |
|---|---|---|---|
| 1 | 字迹清楚无误 | | |
| 2 | 载明事项与项目情况相符 | | |
| 3 | 阐述清晰,用词准确无歧义 | | |
| 4 | 招标投标过程主要事项的时间节点符合规定 | | |
| 5 | 发布的媒介符合规定 | | |

# 项目 4  发售招标文件

## 任务 4.1  编制招标文件

**【任务要求】**

根据《建设工程施工合同（示范文本）》GF-2017-0201，结合项目实际情况，编制完成招标文件"投标人须知"部分。

**【任务实施】**

1.分析项目情况。

2.编制完成招标文件"投标人须知"。

3.按照公文格式完成文本的编辑。

4.组内成员互相进行审核。

**【任务成果】**

编制招标文件中的"投标人须知前附表"。

**【任务评价】**

| 评价项目 | 分值 | 自评分<br>（20%） | 互评分<br>（30） | 教师评分<br>（50%） | 总分 |
|---|---|---|---|---|---|
| 工作考勤 | 20 | | | | |
| 工作态度 | 20 | | | | |
| 任务分析思路 | 10 | | | | |
| 任务完成情况 | 30 | | | | |
| 协作与沟通 | 10 | | | | |
| 归纳总结 | 10 | | | | |
| 合　计 | 100 | | | | |

**【任务总结】**

**【任务成果】——投标人须知前附表**

根据"3.1.4 招标公告示例"项目情况或者根据教师给出的项目情况,选择模板1、模板2或自行选择本地范本编制完成投标人须知前附表。

**模板1:《中华人民共和国标准施工招标文件》(国家九部委令〔2007〕第56号)投标人须知前附表**

投标人须知前附表

| 条款号 | 条款名称 | 编列内容 |
|--------|----------|----------|
| 1.1.2 | 招标人 | 名称:<br>地址:<br>联系人:<br>电话: |
| 1.1.3 | 招标代理机构 | 名称:<br>地址:<br>联系人:<br>电话: |
| 1.1.4 | 项目名称 | |
| 1.1.5 | 建设地点 | |
| 1.2.1 | 资金来源 | |
| 1.2.2 | 出资比例 | |
| 1.2.3 | 资金落实情况 | |
| 1.3.1 | 招标范围 | |
| 1.3.2 | 计划工期 | 计划工期:_____ 日历天<br>计划开工日期:_____年_____月_____日<br>计划竣工日期:_____年_____月_____日 |
| 1.3.3 | 质量要求 | |
| 1.4.1 | 投标人资质条件、能力和信誉 | 资质条件:<br>财务要求:<br>业绩要求:<br>信誉要求:<br>项目经理(建造师,下同)资格:<br>其他要求: |
| 1.4.2 | 是否接受联合体投标 | □不接受<br>□接受,应满足下列要求: |
| 1.9.1 | 踏勘现场 | □不组织<br>□组织,踏勘时间:<br>　　　　踏勘集中地点: |

| 条款号 | 条款名称 | 编列内容 |
|---|---|---|
| 1.10.1 | 投标预备会 | □不召开<br>□召开,召开时间:<br>　　　召开地点: |
| 1.10.2 | 投标人提出问题的截止时间 | |
| 1.10.3 | 招标人书面澄清的时间 | |
| 1.11 | 分包 | □不允许<br>□允许,分包内容要求:<br>　　　分包金额要求:<br>　　　接受分包的第三人资质要求: |
| 1.12 | 偏离 | □不允许<br>□允许 |
| 2.1 | 构成招标文件的其他材料 | |
| 2.2.1 | 投标人要求澄清招标文件的截止时间 | |
| 2.2.2 | 投标截止时间 | ＿＿＿年＿＿＿月＿＿＿日＿＿＿时＿＿＿分 |
| 2.2.3 | 投标人确认收到招标文件澄清的时间 | |
| 2.3.2 | 投标人确认收到招标文件修改的时间 | |
| 3.1.1 | 构成投标文件的其他材料 | |
| 3.3.1 | 投标有效期 | |
| 3.4.1 | 投标保证金 | 投标保证金的形式:<br>投标保证金的金额: |
| 3.5.2 | 近年财务状况的年份要求 | ＿＿＿年 |
| 3.5.3 | 近年完成的类似项目的年份要求 | ＿＿＿年 |
| 3.5.5 | 近年发生的诉讼及仲裁情况的年份要求 | ＿＿＿年 |
| 3.6 | 是否允许递交备选投标方案 | □不允许<br>□允许 |
| 3.7.3 | 签字或盖章要求 | |
| 3.7.4 | 投标文件副本份数 | ＿＿＿份 |
| 3.7.5 | 装订要求 | |

| 条款号 | 条款名称 | 编列内容 |
|---|---|---|
| 4.1.2 | 封套上写明 | 招标人的地址：<br>招标人名称：<br>_____（项目名称）_____标段投标文件<br>在_____年_____月_____日_____时_____<br>分前不得开启 |
| 4.2.2 | 递交投标文件地点 | |
| 4.2.3 | 是否退还投标文件 | □否<br>□是 |
| 5.1 | 开标时间和地点 | 开标时间：同投标截止时间<br>开标地点： |
| 5.2 | 开标程序 | (4)密封情况检查：<br>(5)开标顺序： |
| 6.1.1 | 评标委员会的组建 | 评标委员会构成：_____人,其中招标人代表人,专家_____人。<br>评标专家确定方式： |
| 7.1 | 是否授权评标委员会确定中标人 | □是<br>□否,推荐的中标候选人数： |
| 7.3.1 | 履约担保 | 履约担保的形式：<br>履约担保的金额： |
| …… | | |
| 10 | 需要补充的其他内容 | |
| …… | …… | |

**模板 2：《广西壮族自治区房屋建筑和市政工程施工招标文件范本（2019 年版）》投标人须知前附表**

投标人须知前附表

| 条款号 | 条款名称 | 编列内容 |
|---|---|---|
| 1.1.2 | 招标人 | 名称：<br>地址：<br>联系人：<br>电话：<br>电子邮箱： |
| 1.1.3 | 招标代理机构 | 名称：<br>地址：<br>联系人：<br>电话：<br>电子邮箱： |

| 条款号 | 条款名称 | 编列内容 |
|---|---|---|
| 1.1.4 | 项目名称及项目招标编号 | |
| 1.1.5 | 建设地点 | |
| 1.2.1 | 资金来源 | |
| 1.2.2 | 出资比例 | |
| 1.2.3 | 资金落实情况 | |
| 1.2.4 | 本工程增值税计税方法 | □一般计税法　　□简易计税法<br>【备注:根据《关于全面推开营业税改征增值税试点的通知》(财税〔2016〕36号)、《关于建筑服务等营改增试点政策的通知》(财税〔2017〕58号)文件规定选择】 |
| 1.3.1 | 招标范围 | |
| 1.3.2 | 要求工期 | 要求工期:_____日历天<br>定额工期:_____日历天<br>【备注:建筑安装工程定额工期应按《建筑安装工程工期定额》TY01-89-2016确定,工期压缩时,宜组织专家论证,且在招标工程量清单中增设提前竣工(赶工补偿)费项目清单】。<br>计划开工日期:_____年_____月_____日<br>计划竣工日期:_____年_____月_____日<br>除上述总工期外,发包人还要求以下区段工期:<br>_____(此项可选)。<br>有关工期的详细要求见第七章"技术标准和要求"。 |
| 1.3.3 | 质量要求 | 质量标准: |
| 1.4.1 | 投标人资质条件、能力、诚信要求 | (1)资质条件:<br>(2)财务要求:_____年至_____年经审计的财务报表(以广西建筑业企业诚信信息库为准)【备注:对于从取得营业执照时间起到投标截止时间为止不足要求年数的企业,只需提交企业取得营业执照年份至所要求最近年份经审计的财务报表】。<br>(3)业绩要求:_____年_____月至投标截止日期止企业:<br>□完成过质量合格的类似工程项目(已竣工工程业绩以广西建筑业企业诚信信息库为准)。<br>□承接过类似工程项目(在投标文件组成的"业绩(在建工程)"节点上传相关证明材料的原件扫描件)。(此项可选)<br>(4)诚信要求:根据最高人民法院等九部委《关于在招标投标活动中对失信被执行人实施联合惩戒的通知》(法〔2016〕285号)规定,投标人不得为失信被执行人〔以评标阶段通过"信用中国"网站(www.creditchina.gov.cn)查询的结果为准〕; |

| 条款号 | 条款名称 | 编列内容 |
|---|---|---|
| 1.4.1 | 投标人资质条件、能力、诚信要求 | 根据《广西壮族自治区建筑市场主体"黑名单"管理办法(试行)》(桂建发〔2018〕5号)规定,投标人不得为建筑市场主体"黑名单"(以评标阶段通过建筑市场监管与诚信信息一体化平台查询的结果为准)【备注:此款可由招标人自主选择,如不采用,须向本项目招标的监督部门说明理由】。<br>投标人企业和拟投入项目经理及专职安全员的广西建筑市场诚信信息未被锁定。<br>(5)项目经理资格:_____专业_____级以上(含本级)注册建造师执业资格,已录入广西建筑业企业诚信信息库并处于有效状态,具备有效的安全生产考核合格证书(B类)。本项目不接受有在建、已中标未开工或已列为其他项目中标候选人第一名的建造师作为项目经理(符合《广西壮族自治区建筑市场诚信卡管理暂行办法》第十六条第一款除外)。<br>(6)专职安全员要求:专职安全员须已录入广西建筑业企业诚信信息库并处于有效状态,具备有效的安全生产考核合格证书(C类),人数符合住房和城乡建设部《建筑施工企业安全生产管理机构设置及专职安全生产管理人员配备办法》(建质〔2008〕91号)的规定不少于_____人。【备注:以上条件要求的投标人信息,如无特别出处要求的,一律以广西建筑业企业诚信信息库通过审核的信息为准】。<br>(7)其他要求: |
| 1.4.2 | 是否接受联合体投标 | □不接受　□接受 |
| 1.9.1 | 踏勘现场 | 不组织 |
| 1.10 | 投标预备会 | 不召开 |
| 1.11 | 分包 | □不允许<br>□允许,分包内容要求:<br>　　分包金额要求:<br>　　接受分包的第三人资质要求: |
| 1.12 | 偏离 | 不允许 |
| 2.1.1(10) | 构成招标文件的其他材料 | 招标文件的澄清、修改、补充通知等内容 |
| 2.2.1 | 投标人对招标文件提出异议的截止时间 | 投标截止时间10日前。投标人不在规定期限内提出,招标人有权不予答复,或答复后投标截止时间由招标人确定是否顺延。澄清和答复须通过广西电子招标投标系统进行。 |
| 2.2.2 | 投标截止时间 | _____年_____月_____日_____时_____分 |
|  | 招标文件澄清发布方式 | 在发布媒介上发布 |

| 条款号 | 条款名称 | 编列内容 |
|--------|----------|----------|
| 2.2.3 | 投标人确认收到澄清的方式 | 澄清文件在本章第2.2.2款规定的网站上发布之日起,视为投标人已收到该澄清。投标人未及时关注招标人在网站上发布的澄清文件造成的损失,由投标人自行负责。 |
| 3.1.1 | 构成投标文件的材料<br>【备注:右栏招标人可根据需要进行增减】 | 投标文件的组成部分:资格审查部分、商务标部分、技术标部分组成。<br>资格审查部分。【备注:以下扫描件均为原件的扫描件】:<br>(1)投标人基本情况表(附已录入广西建筑业企业诚信信息库的有效的企业营业执照副本、企业资质证书副本和安全生产许可证副本等的原件扫描件);<br>(2)联合体投标协议书(如有);<br>(3)投标保证金的转账(或电汇)底单(可提供底单原件或网上银行电子回执单)或银行保函(工程担保或工程保证保险)扫描件,投标人的基本账户开户许可证的原件扫描件;<br>(4)建设工程项目管理承诺书;<br>(5)项目经理简历表[附已录入广西建筑业企业诚信信息库的项目经理注册建造师执业资格证书和安全生产考核合格证书(B类)的扫描件];<br>(6)项目技术负责人简历表(附已录入广西建筑业企业诚信信息库的职称证书的扫描件);<br>(7)已录入广西建筑业企业诚信信息库的安全员的安全生产考核合格证书(C类)的扫描件;<br>(8)已录入广西建筑业企业诚信信息库的专职投标员、项目经理、技术负责人和主要管理人员近3个月(_____年_____月至_____年_____月)(从取得营业执照时间起到投标截止时间为止不足要求月数的只需提供从取得营业执照起的证明材料)在现任职单位依法缴纳社会保险证明材料的扫描件;<br>(9)资格审查需要的其他材料:项目管理机构配备情况表、拟投入施工机械设备情况表、企业_____年_____月至投标截止日期止已完成类似项目一览表(如有)、企业诚信情况一览表(如有)、企业_____年至_____年财务状况表、企业_____年_____月至投标截止日期止发生的诉讼和仲裁情况(如有)等。<br>商务标部分:<br>(1)投标函;<br>(2)投标函附录;<br>(3)投标报价表;<br>(4)已标价工程量清单。<br>技术标部分:<br>(1)施工组织设计;<br>(2)拟分包计划表;<br>(3)项目管理机构。 |

| 条款号 | 条款名称 | 编列内容 |
|---|---|---|
| 3.1.4 | 近年财务状况的年份要求 | 指_____年度、_____年度和_____年度(对于从取得营业执照时间起到投标截止时间为止不足要求年数的企业,只需提交企业取得营业执照年份至所要求最近年份经审计的财务报表)。 |
| | 近年完成的类似项目的年份要求 | _____年_____月至投标截止日期止,指项目竣工时间至投标截止时间止不超过_____年 |
| | 近年发生的诉讼及仲裁情况的年份要求 | _____年_____月至投标截止日期止,指诉讼及仲裁判决时间至投标截止时间止不超过_____年 |
| 3.3.1 | 投标有效期 | □45天　□60天　□90天 |
| 3.4.1 | 投标保证金 | 投标保证金的形式:银行转账、电汇或网上支付、银行保函、工程担保、工程保证保险。禁止采用现钞交纳方式【备注:严禁要求投标人只能以现金方式提交保证金的行为。采用银行保函、工程担保或工程保证保险方式的,必须为无条件保函,保函有效期不得低于投标有效期】。<br>投标保证金的金额:_____万元【备注:不得超过项目估算价的2%,且最多不超过50万元】。<br>递交方式:<br>(1)使用银行转账时投标保证金必须从投标人的基本账户汇到以下指定的投标保证金专用账户,否则投标无效。<br>(2)投标人使用银行保函(工程担保保函或工程保证保险)时,投标人将保函(或保险)原件电子扫描件作为投标文件的组成部分同步上传至广西电子招标投标系统,否则投标无效。在投标时间截止时间前,投标人在开标现场递交保函(或保险)原件,由招标人核验保函信息,确认保函(或保险)是否有效后交由招标人或当地交易中心管理,保函(或保险)原件无效的或未能在投标截止时间前现场提交的,其投标无效。<br>(3)投标保证金不足额缴纳的,或银行保函(工程担保保函或工程保证保险)额度不足的,其投标无效。<br>账户名称:<br>开户银行:<br>银行账号: |
| 3.5 | 是否允许提交备选投标方案 | 不允许 |
| 3.6.3 | 签字和(或)盖章要求 | 电子投标文件由投标人在招标文件规定的投标文件相关位置加盖投标人法人单位及法定代表人电子印章。投标文件未经投标人单位或法定代表人加盖电子印章的,均作否决投标处理。 |

| 条款号 | 条款名称 | 编列内容 |
|---|---|---|
| 3.6.4 | 投标文件副本份数 | 无 |
| 3.6.5 | 投标文件装订要求 | 无 |
| 3.6.6 | 投标文件编制的其他要求 | |
| 4.2.1 | 未加密的电子投标文件光盘包装、密封【备注：右栏内容招标人可根据项目实际情况需要增减】 | 未加密的电子投标文件光盘密封方式：单独放入一个密封袋中，加贴封条，并在封套封口处加盖投标人单位章，在封套上标记"电子投标文件"字样，在投标截止前提交 |
| 4.2.2 | 未加密的电子投标文件光盘密封封套上写明【备注：右栏内容招标人可根据项目实际情况需要增减】 | 项目招标编号：<br>招标人的地址：<br>招标人名称：<br>标段(如有多个标段时)：<br>＿＿＿＿＿(项目名称)投标文件<br>投标人地址：<br>投标人名称：<br>在＿＿年＿＿月＿＿日＿＿时＿＿<br>分前不得开启 |
| 4.3.2 | 递交投标文件地点 | 电子投标文件由各投标人在投标时间截止前自行在广西电子招标投标系统上传；未加密的电子投标文件光盘现场提交地点：＿＿＿＿＿＿(当地交易中心)。 |
| 4.3.3 | 是否退还投标文件 | 否 |
| 5.1 | 开标时间和地点 | 开标时间：同投标截止时间<br>开标地点：＿＿＿＿当地交易中心。 |
| 5.2 | 开标程序 | 见正文5.2条 |
| 6.1.1 | 评标委员会的组建 | 评标委员会构成：＿＿＿人，其中招标人代表＿＿＿人【要求详见本表后的备注】，专家＿＿＿人。<br>评标专家分工：不分技术、经济类(经济类评委人数不能多于2人)。<br>评标专家确定方式：＿随机抽取＿。 |
| 6.3 | 评标方式 | □经评审的合理低价法<br>□综合评估法 |
| 6.5 | 评标资料封存方式【备注：由当地招投标监督管理部门确定】 | □在交易中心封存<br>□当地招投标监督管理部门封存 |

| 条款号 | 条款名称 | 编列内容 |
|---|---|---|
| 6.5.1(3) | 封存的其他材料 | |
| 6.6.1 | 中标候选人公示的媒介 | 在发布媒介上公示 |
| 6.7 | 履约能力审查的标准和方法 | 在中标通知书发出前,中标候选人不得有以下情形:<br>(1)被吊销营业执照;<br>(2)进入破产程序;<br>(3)其他: |
| 7.1 | 是否授权评标委员会确定中标人 | □是<br>□否,推荐的中标候选人数:_____ |
| 7.3.1 | 履约保证金 | □是 履约保证金的形式:可以采用现金、银行保函、工程担保或保证保险等形式【备注:严禁要求中标人只能以现金方式提交保证金的行为,严禁现金形式缴纳的额度与其他形式不一致】。<br>履约保证金的金额:_____万元【备注:上限为合同价款扣除发包人材料价款、暂估专业工程、暂列金额后的10%】。<br>投标人在收到中标通知书后,须在_____日内向招标人足额提交履约保证金,否则招标人可以取消其中标资格【备注:此处约定应与合同专用条款第3.7条一致】。<br>□否 |
| 10 需要补充的其他内容 | | |
| 10.1 词语定义 | | |
| 10.1.1 | 类似项目 | 类似项目是指: |
| 10.1.2 | 不良行为记录 | 不良行为记录是指: |
| 10.1.3 | 发布媒介 | 发布媒介是指招标公告规定的发布招标公告、招标文件澄清、评标结果公示、中标公告等信息的媒(体)介。按照招标公告规定还需在其他媒介上公示的,发布内容、发布期限应以法规指定媒介发布的为准。【备注:对于依法必须招标的项目和公共资源配置领域工程建设项目招标投标领域的中标候选人公示的指定媒介即优先公开载体均为广西壮族自治区招标投标公共服务平台,属于政府采购项目的还应按政府采购法信息发布的要求执行】。 |
| 10.2 | 招标控制价 | □设招标控制价【备注:政府及国有资金投资的工程建设项目招标,招标人必须勾选】<br>□不设招标控制价 |

| 条款号 | 条款名称 | 编列内容 |
|---|---|---|
| 10.3 | 技术标评审方式 | 施工组织设计采用"暗标"评审方式;拟分包计划表、项目管理机构采用"明标"评审方式。<br>投标人应严格按照第八章"投标文件格式"中"施工组织设计(暗标)编制要求"编制施工组织设计。 |
| 10.4 | 电子投标文件 | 投标人提交电子投标文件的要求【备注:内容可由招标人根据招标监督管理部门的要求修改,并应与4.1.2条内容一致】<br>电子投标文件格式:加密格式(＊.GXTF)、未加密格式(＊.NGXTF)。<br>投标人登录广西电子招标投标系统上传加密的电子投标文件,并在开标时提交刻录成光盘的未加密电子投标文件(与加密的电子投标文件为同时生成的版本)。投标人专职投标员必须携带生成投标文件时所使用的企业CA锁参加开标,现场对电子投标文件进行解密,否则,由此造成投标文件不能解密评审的后果由投标人自行承担。<br>未加密的电子投标文件光盘密封方式:单独放入一个密封袋中,加贴封条,并在封套封口处加盖投标人单位章,在封套上标记"电子投标文件"字样,在投标截止前提交。 |
| 10.5 | 知识产权 | 构成本招标文件各个组成部分的文件,未经招标人书面同意,投标人不得擅自复印和用于非本招标项目所需的其他目的。招标人全部或者部分使用未中标人投标文件中的技术成果或技术方案时,需征得其书面同意,并不得擅自复印或提供给第三人。 |
| 10.6 | 重新招标的其他情形 | 除投标人须知正文第8条规定的情形外,除非已经产生中标候选人,在投标有效期内同意延长投标有效期的投标人少于3个的,招标人在分析招标失败的原因并采取相应措施后,应当依法重新招标。 |
| 10.7 | 同义词语 | 构成招标文件组成部分的"通用合同条款""专用合同条款""技术标准和要求"和"工程量清单"等章节中出现的措辞"发包人"和"承包人",在招标投标阶段应当分别按"招标人"和"投标人"进行理解。 |
| 10.8 | 监督 | 本项目的招标投标活动及其相关当事人应当接受有管辖权的建设工程招标投标行政监督部门依法实施的监督,如项目属于公共资源范围,应同时接受本级公共资源交易监督机构的监管。 |

| 条款号 | 条款名称 | 编列内容 |
|---|---|---|
| 10.9 | 解释权 | 构成本招标文件的各个组成文件应互为解释,互为说明;如有不明确或不一致,构成合同文件组成内容的,以合同文件约定内容为准,且以专用合同条款约定的合同文件优先顺序解释;除招标文件中有特别规定外,仅适用于招标投标阶段的规定,按招标补遗或澄清文件、招标公告(投标邀请书)、投标人须知、评标办法、投标文件格式的先后顺序解释;同一组成文件中就同一事项的规定或约定不一致的,以编排顺序在后者为准;同一组成文件不同版本之间有不一致的,以形成时间在后者为准;补遗或澄清文件与同步更新的招标文件不一致时,以补遗或澄清文件为准。按本款前述规定仍不能形成结论的,由招标人负责解释。 |
| 10.10 | 招标人补充的其他内容 | |
| 10.10.1 | 招标代理服务费的计算与收取 | □招标人支付【备注:国有投资和使用国有资金的项目在建设项目费用组成中已包含招标代理服务费的,应选择由招标人支付】<br><br>□中标人支付。具体为:根据招标人与代理人签订的《建设工程招标代理合同》,本项目委托招标代理服务费按_____计取,由中标人在领取中标通知书时,一次性向招标代理机构支付。 |
| 10.10.2 | 勘察单位:<br>设计单位: | |

注:

1. "投标人须知前附表"中的条款名称、编列内容,招标人可根据项目实际需要进行适当的增减。

2. 招标人如需要对"投标人须知"正文条款进行细化调整的,应在"投标人须知前附表"中进行。

3. 招标人派出评委参加评标的,须符合以下条件之一:(1)必须是本单位具备工程技术或工程经济类中级及以上职称(对于取得专业技术类职业资格人员职称可参照桂人社规〔2019〕5号《广西壮族自治区人力资源和社会保障厅关于在部分职业领域建议职称与专业技术类职业资格对应关系的通知》的等级标准)、同时具备与评标工程技术要求相当条件和能力水平的人员出任;职称证上的工作单位与招标人名称不符的,须附招标人为其缴纳的近3个月的社会保险证明或者工作编制证明文件的扫描件;(2)本单位无符合上述条件的人员时,可以委托持《广西壮族自治区建设工程招标投标评标专家资格证书》的人员出任;持证人员已退休的,应附退休证明文件的扫描件,持证人员在职的,应附现任职单位为其缴纳的近3个月的社会保险证明或者工作编制证明文件的扫描件。以上扫描件应在开标前通过广西电子招标投标系统提交并审核通过。

# 项目 5　招标过程组织

## 任务 5.1　组织现场踏勘

### 【任务要求】

1.招标人根据项目情况，按照本手册中"任务 4.1　编制招标文件"编制的投标人须知前附表要求的时间、地点，组织潜在投标人进行现场踏勘。

2.投标人在现场踏勘过程中认真记录现场情况，完成现场踏勘记录。

### 【任务实施】

1.小组讨论分析，确定现场踏勘的时间、地点，参加现场踏勘的人员。

2.准备好现场踏勘需要的资料、物品。

3.向参加现场踏勘的潜在投标人介绍施工现场情况。

4.投标人对施工现场进行勘查并记录现场情况。

### 【任务成果】

1.编制施工现场情况介绍。

2.完成现场踏勘记录。

### 【任务评价】

| 评价项目 | 分值 | 自评分（20%） | 互评分（30） | 教师评分（50%） | 总分 |
|---|---|---|---|---|---|
| 工作考勤 | 20 | | | | |
| 工作态度 | 20 | | | | |
| 任务分析思路 | 10 | | | | |
| 任务完成情况 | 30 | | | | |
| 协作与沟通 | 10 | | | | |
| 归纳总结 | 10 | | | | |
| 合　计 | 100 | | | | |

### 【任务总结】

**【任务成果1】**

假设学校教学楼的位置为施工现场，三通一平工作已完成，请根据实际情况，写一份施工现场情况介绍。

**【任务成果2】**

根据招标人所做的现场情况介绍、现场踏勘的实际情况及项目的要求，做出现场踏勘记录。

现场踏勘记录

| 现场踏勘时间 | | 现场踏勘地点 | |
|---|---|---|---|
| 施工现场情况记录 | 三通一平情况 | | |
| | 地形地貌 | | |
| | 施工现场条件 | | |
| | 附近生活设施 | | |
| | 其他 | | |

# 任务 5.2  组织投标预备会

## 【任务要求】

按照本手册中"任务 4.1  编制招标文件"完成的"投标人须知前附表"要求的时间、地点，模拟组织一次投标预备会。在投标预备会上，就案例项目在招标文件发售后发生的情况向潜在投标人进行说明和澄清，并做好会议记录。

## 【任务实施】

1. 仔细阅读招标文件，确定投标预备会的时间、地点。
2. 讨论分析项目背景情况，做好投标预备会前的各项准备。
3. 召开投标预备会。
4. 制作会议记录。

## 【任务成果】

完成投标预备会会议记录。

## 【任务评价】

| 评价项目 | 分值 | 自评分<br>（20%） | 互评分<br>（30） | 教师评分<br>（50%） | 总分 |
|---|---|---|---|---|---|
| 工作考勤 | 20 | | | | |
| 工作态度 | 20 | | | | |
| 任务分析思路 | 10 | | | | |
| 任务完成情况 | 30 | | | | |
| 协作与沟通 | 10 | | | | |
| 归纳总结 | 10 | | | | |
| 合　计 | 100 | | | | |

## 【任务总结】

## 【项目背景】

本项目为依法必须招标的施工项目,在招标文件发售后发生如下情况:

(1) 潜在投标人对工程量清单中清单编号为 010501004002 的筏板基础 C30 混凝土的工程量提出异议,招标人进行核验后,对其工程量进行了修改,由原来的 207.8m³,变更为 312.9m³。

(2) 现场踏勘过程中,潜在投标人发现施工现场有两个污水井,询问招标人是否需要对污水井及相应管道进行保护,招标人表示会在投标预备会上进行答复。

(3) 由于对工程量清单进行了变更,开标时间往后顺延了 5 日。

## 【任务成果】

### _____项目投标预备会会议记录

| 会议时间 | | 会议地点 | |
|---|---|---|---|
| 主持人 | | | |
| 会议主要内容: | | | |
| | | | |

# 任务 5.3 发布招标控制价公告

## 【任务要求】

通过本地公共资源交易中心官网，搜索下载两个项目的招标控制价公告，并完成文本编辑。

## 【任务实施】

1. 查找本地公共资源交易中心官网。
2. 搜索下载两个项目的招标控制价公告。
3. 将下载的公告粘贴到 word 文档并完成编辑。

## 【任务成果】

编制招标控制价公告文本（两份）。

## 【任务评价】

| 评价项目 | 分值 | 自评分 (20%) | 互评分 (30) | 教师评分 (50%) | 总分 |
|---|---|---|---|---|---|
| 工作考勤 | 20 | | | | |
| 工作态度 | 20 | | | | |
| 任务分析思路 | 10 | | | | |
| 任务完成情况 | 30 | | | | |
| 协作与沟通 | 10 | | | | |
| 归纳总结 | 10 | | | | |
| 合 计 | 100 | | | | |

## 【任务总结】

# 任务5.4 招标文件的修改和澄清

## 【任务要求】

1.通过本地公共资源交易中心官网，搜索下载一个公开招标项目的澄清或更正公告，并完成文本编辑。

2.根据本手册中"任务5.2 组织投标预备会"的项目背景，编制该项目的更正公告。

## 【任务实施】

1.查找本地公共资源交易中心官网。

2.搜索下载两个公开招标项目的澄清或更正公告。

3.将下载的公告粘贴到word文档并完成编辑。

## 【任务成果】

1.下载的"公开招标澄清或更正公告"。

2.编制的案例项目的"公开招标更正公告"。

## 【任务评价】

| 评价项目 | 分值 | 自评分<br>(20%) | 互评分<br>(30) | 教师评分<br>(50%) | 总分 |
|---|---|---|---|---|---|
| 工作考勤 | 20 | | | | |
| 工作态度 | 20 | | | | |
| 任务分析思路 | 10 | | | | |
| 任务完成情况 | 30 | | | | |
| 协作与沟通 | 10 | | | | |
| 归纳总结 | 10 | | | | |
| 合 计 | 100 | | | | |

## 【任务总结】

# 项目 6    开标

## 任务 6.1    开标组织

**【任务要求】**

1. 模拟开展接收投标人的投标文件。
2. 模拟组织开标会议。
3. 完成过程相关文件资料。

**【任务实施】**

1. 小组讨论，进行角色分工（根据小组人数情况，也可以两组同学分别模拟招标人和投标人）。
2. 绘制好投标文件接收记录表。
3. 准备好开标记录表。
4. 拟写开标会议主持词。
5. 模拟进行投标文件接收并填写投标文件接收记录表。
6. 模拟组织开标会议，填写开标记录表，并录制过程视频。

**【任务成果】**

1. 绘制并填好投标文件接收登记表。
2. 开标会议主持词。
3. 填写好的开标记录表。
4. 小组模拟组织开标会议的视频。

**【任务评价】**

| 评价项目 | 分值 | 自评分<br>（20%） | 互评分<br>（30） | 教师评分<br>（50%） | 总分 |
|---|---|---|---|---|---|
| 工作考勤 | 20 | | | | |
| 工作态度 | 20 | | | | |

| 评价项目 | 分值 | 自评分<br>(20%) | 互评分<br>(30) | 教师评分<br>(50%) | 总分 |
|---|---|---|---|---|---|
| 任务分析思路 | 10 | | | | |
| 任务完成情况 | 30 | | | | |
| 协作与沟通 | 10 | | | | |
| 归纳总结 | 10 | | | | |
| 合　计 | 100 | | | | |

**【任务总结】**

**【任务成果1】**

---

_____项目投标文件接收登记表

招标人或招标代理经办人：（签字）　　　　　　　　　　第　　页，共　　页

---

**【任务成果 2】**

开标会议主持词

**【任务成果 3】**

_____ 项目开标记录表

项目名称：_____ 项目招标编号：_____ 开标时间：_____ 年___ 月___ 日

招标人：_____ 招标代理机构：_____

| 序号 | 投标单位 | 是否按时提交投标文件 | 投标文件密封性 | 资格证件是否有效 | 投标文件是否有效 | 提交的投标保证金（万元） | 投标总报价（元） | 工期（日历天） | 质量等级 | 备注 | 投标人代表签字确认 |
|---|---|---|---|---|---|---|---|---|---|---|---|
| | | | | | | | | | | | |
| | | | | | | | | | | | |
| | | | | | | | | | | | |
| | | | | | | | | | | | |
| | | | | | | | | | | | |
| | | | | | | | | | | | |
| 招标控制价/标底 | | | | | | | | | | | |

招标人授权代表（签字）：　　　　　记录人（签字）：　　　　　监督人员（签字）：

**【任务成果 4】**

从拍摄的开标会议的视频中，截取你认为重要（或者有意义）的一幕，将图片打印出来，粘贴在下表中，并对图片进行简短的说明。

请将图片粘贴在此处

请对图片进行说明，可以从时间、地点、人物、这一幕正在进行的事情、你认为重要的原因等方面进行说明。

# 项目 7 评标和定标

## 任务 7.1 基础知识问答

**【思考与练习】**

**1. 选择题**

(1)《中华人民共和国招标投标法》规定：评标委员会应由（　　）负责组建。

A. 招标人　　　　B. 投标人　　　　C. 招标代理机构　　D. 建设主管部门

(2)《中华人民共和国招标投标法》规定：评标工作应由（　　）负责进行。

A. 招标人　　　　B. 投标人　　　　C. 评标委员会　　　D. 建设主管部门

(3) 关于评标委员会，下列说法不正确的是（　　）。

A. 评标委员会成员名单一般于开标前确定，且在中标结果确定前应当保密

B. 评标委员会由招标人的代表和有关技术、经济等方面的专家组成，成员人数为 5 人以上单数

C. 组建 5 人的评标委员会时，招标人代表可以安排 2 人

D. 评标委员会成员不得由与投标人有利害关系的人担任

(4)《中华人民共和国招标投标法实施条例》规定，评标委员会成员有下列（　　）行为之一且情节特别严重的，取消其评标资格。（多选题）

A. 应当回避而不回避的

B. 不按照招标文件规定的评标标准和方法评标的

C. 向招标人征询确定中标人的意向的

D. 私下接触投标人的

E. 拒绝在评标报告上签字的

**2. 填空题**

(1)《中华人民共和国招标投标法》规定：依法必须进行招标的项目，其评标委员会由_____和_____组成，成员人数为_____人以上的_____（单/双）数，其中，_____不得少于成员总数的_____。

(2) 评标委员会由_____负责组建，评标委员会成员名单一般应于开标_____（前/后）确定，且在中标结果确定_____（前/后）应当保密。

# 任务 7.2  组织评标

## 【任务要求】

1. 根据所学知识和内容，写出评标关键步骤。

2. 通过任务实施，能够进行简单的评标工作，能根据案例分析，推选出中标候选人。

## 【任务实施】

1. 小组讨论分析回顾评标关键步骤。

2. 明确评标的工作步骤和主要工作内容。

3. 根据评标的方法学习完成简单的评标工作，推选出中标候选人。

## 【任务成果】

1. 绘制评标关键步骤过程图。

2. 根据案例进行分析计算，完成评标工作，推选出中标候选人。

3. 完成"思考与练习"。

## 【任务评价】

| 评价项目 | 分值 | 自评分<br>（20%） | 互评分<br>（30） | 教师评分<br>（50%） | 总分 |
|---|---|---|---|---|---|
| 工作考勤 | 20 | | | | |
| 工作态度 | 20 | | | | |
| 任务分析思路 | 10 | | | | |
| 任务完成情况 | 30 | | | | |
| 协作与沟通 | 10 | | | | |
| 归纳总结 | 10 | | | | |
| 合计 | 100 | | | | |

## 【任务总结】

**【任务成果 1】**

根据所学知识，写出评标关键步骤过程。

**【任务成果 2】**

根据以下所给案例，分析计算，完成评标工作，推选出中标候选人。

某工程施工项目采用资格预审方式招标，并采用经评审最低投标价法进行评标。共有 3 个投标人进行投标，且 3 个投标人均通过了初步评审，评标委员会对经算术性修正后的投标报价进行详细评审。

招标文件规定工期为 30 个月，工期每提前 1 个月给招标人带来的预期收益为 50 万元，招标人提供临时用地 500 亩，临时用地每亩用地费为 6000 元，评标价的折算考虑以下两个因素：①投标人所报的租用临时用地的数量；②提前竣工的效益。

投标人 A：算术性修正后的投标报价为 6000 万元，提出需要临时用地 400 亩，承诺的工期为 28 个月。

投标人 B：算术性修正后的投标报价为 5500 万元，提出需要临时用地 500 亩，承诺的工期为 29 个月。

投标人 C：算术性修正后的投标报价为 5000 万元，提出需要临时用地 550 亩，承诺的工期为 30 个月。

[问题]

评标委员会应推荐谁为第一中标候选人？

[分析回答]

【任务成果 3】——思考与练习

1.选择题

(1) 在评标过程中，同一投标文件中表述不一致的，正确的处理方法（　　）。

A.投标文件的小写金额和大写金额不一致的，应以小写为准

B.投标函与投标文件其他部分的金额不一致的，应以投标文件其他部分为准

C.总价金额与单价金额不一致的，应以总价金额为准

D.对不同文字文本的投标文件解释发生异议的，以中文文本为准

(2) 某施工项目招标，采用经评审的最低投标价法，四家投标人的报价和评标价分别为：甲为 1800 万元、1870 万元；乙为 1850 万元、1890 万元；丙为 1880 万元、1820 万元；丁为 1990 万元、1880 万元，则中标候选人中排序第一的应是（　　）。

A.甲　　　　　　　B.乙　　　　　　　C.丙　　　　　　　D.丁

(3) 某建设项目采用经评审的最低评标价法评标，其中一位投标人的投标报价为 3000 万元，工期提前获得评标优惠 100 万元，评标时未考虑其他因素，则评标价和合同价分别为（　　）

A.2900 万元，3000 万元　　　　　　B.2900 万元，2900 万元

C.3100 万元，3000 万元　　　　　　D.3100 万元，2900 万元

（4）在建设工程项目的招投标活动中，某投标人以低于成本的报价竞标，则下列说法正确的是（　　）。

A. 其做法符合低价中标原则，不应禁止

B. 没有违背诚实信用原则，不应禁止

C. 是降低了工程造价，应当提倡

D. 该投标文件应将予以否决

2. 填空题

（1）根据《评标委员会和评标办法暂行规定》，评标包括了评标准备、_____、_____、_____和_____等主要环节。

（2）我国工程项目评标方法主要有_____法和_____法。

# 任务 7.3  定标阶段工作

## 【任务要求】

1. 根据设定的条件和中标候选人公示，编制项目中标公告。
2. 根据中标通知书的格式和中标公告，编制中标通知书。
3. 写法规范，细心，无遗漏、无错误。

## 【任务实施】

1. 小组讨论分析项目设定条件和中标候选人公示、中标通知书。
2. 明确中标公告、中标通知书的要素、内容和格式。
3. 根据条件和中标候选人公示编制中标公告、中标通知书。
4. 检查内容是否完整和符合相关法律法规要求。

## 【任务成果】

1. 编制项目中标公告。
2. 编制中标通知书。

## 【任务评价】

| 评价项目 | 分值 | 自评分<br>（20%） | 互评分<br>（30） | 教师评分<br>（50%） | 总分 |
|---|---|---|---|---|---|
| 工作考勤 | 20 | | | | |
| 工作态度 | 20 | | | | |
| 任务分析思路 | 10 | | | | |
| 任务完成情况 | 30 | | | | |
| 协作与沟通 | 10 | | | | |
| 归纳总结 | 10 | | | | |
| 合　计 | 100 | | | | |

## 【任务总结】

**【任务成果1】**

根据所给中标候选人公示，设定公示期内无任何人提出异议，现公示期已过，请根据以下公示编制中标公告。

---

**广州××设计院有限公司110kV××变电站工程投产后创优施工项目**
**中标候选人公示**

公示开始时间：2020年10月1日00时00分00秒

公示结束时间：2020年10月4日00时00分00秒

110kV××变电站工程投产后创优施工项目，经评标委员会评审，现将中标候选人公示如下：

**一、评标情况**

中标候选人基本情况及响应招标文件要求的资格能力条件。

| 序号 | 标包名称 | 中标候选人排序 | 中标候选人名称 | 投标总价（元） | 质量 | 工期 | 资格能力条件 |
|---|---|---|---|---|---|---|---|
| 1 | 110kV××变电站工程投产后创优施工项目 | 1 | 广东ZY建设工程有限公司 | 1948860.12 | 合格 | 60个日历天 | 符合 |
| 2 | | 2 | 广东JY建设集团有限公司 | 1982413.86 | 合格 | 60个日历天 | 符合 |
| 3 | | 3 | 广东YS建设发展有限公司 | 1927833.10 | 合格 | 60个日历天 | 符合 |

**二、提出异议的渠道和方式**

投标人或者其他利害关系人对本项目的评标结果有异议的，应当在中标候选人公示期间，以书面形式提出异议。异议文件应当包括下列内容：

1.提出异议人的名称、地址及有效联系方式；

2.异议事项；

3.有效线索和相关证明材料。

提出投诉人是法人的，异议文件必须由其法定代表人或者授权代表签字并盖章，同时还需提交授权委托书；其他组织或自然人提出异议的，异议文件必须由其主要负责人或提出异议人本人签字，并附有效身份证明复印件，由本人提交。

4.异议人不得以异议为名排挤竞争对手，进行虚假、恶意异议，阻碍招标投标活动的正常进行。

异议文件必须通过传真或者当面递交。

递交地址：广州市××区2号大院2号楼6层

三、其他公示内容

无

四、监督部门

本招标项目的监督部门为：广州××设计院有限公司招标监督小组。通信地址：广州市××区××路，邮政编码：510000，举报电话：027-12345678。

五、联系方式

招 标 人：广州××设计院有限公司

地　　址：广州市××区××路

联 系 人：江××

电　　话：027-66666666

招标代理机构：广州××工程造价咨询事务所有限公司

地　　址：广州市××区2号大院2号楼6层

联 系 人：何××

电　　话：027-88888888

电子邮件：12345678@126.com

广州××设计院有限公司

广州××工程造价咨询事务所有限公司

2020 年 10 月 01 日

_____项目中标公告

**【任务成果 2】**

根据所给任务 1 完成的任务成果（中标公告），编制中标通知书（参考格式）。

**中标通知书**

_____（中标人名称）：

　　根据_____工程施工招标文件和你单位于_____年___月___日提交的投标文件，经评标委员会评审，现确定你单位为上述招标工程的中标人，主要中标条件如下：

| 工程名称 | | 建筑面积 | m² |
|---|---|---|---|
| 建设地点 | | | |
| 中标价格 | 元　大写： | | 元 |
| 中标工程范围 | | | |
| 中标工期 | 日历天 | 计划开工日期 | 年 月 日 |
| | | 计划竣工日期 | 年 月 日 |
| 质量等级 | | 散装水泥用量 | 吨 |
| 备注 | 本中标通知书_____附件,附件是本中标通知书的组成部分,是对本中标通知书的进一步补充,附件共_____页。 | | |

　　本中标通知书经××市建设工程招标投标管理机构受理盖章后发出。请在接到本中标通知书后_____天内，到我单位签订工程承包合同。


招标人：（盖章）　　　　　　　法定代表人：（签字或盖章）

　　　　　　　　　　　　　　　　日期：　年 月 日

# 项目 8　投标

## 任务 8.1　基础知识问答

【思考与练习】

1.简述投标的主要工作程序。

2.什么是联合体投标？联合体的承揽范围如何确定？联合体如何对外承担责任？

3.投标有哪些禁止性规定？

4.什么是投标保证金？投标保证金有哪些方式？投标保证金的额度有什么规定？

# 任务 8.2　编制投标文件（1）

## 【任务要求】

1.根据"3.1.4　招标公告示例案例"的条件，以所在小组模拟的公司为投标人，编制"投标函"；

2.模拟编制"法定代表人身份证明"和"授权委托书"。

## 【任务实施】

1.分析案例情况，熟悉"投标函"格式，小组讨论确定投标指标，填写编制"投标函"。

2.模拟本组组长为投标人法定代表人，填写编制"法定代表人身份证明"。

3.模拟本组组长为投标人法定代表人、本组某同学为代理人，填写编制"授权委托书"。

## 【任务成果】

1.填写投标函。

2.填写法定代表人身份证明。

3.填写授权委托书。

## 【任务评价】

| 评价项目 | 分值 | 自评分（20%） | 互评分（30） | 教师评分（50%） | 总分 |
|---|---|---|---|---|---|
| 工作考勤 | 20 | | | | |
| 工作态度 | 20 | | | | |
| 任务分析思路 | 10 | | | | |
| 任务完成情况 | 30 | | | | |
| 协作与沟通 | 10 | | | | |
| 归纳总结 | 10 | | | | |
| 合　计 | 100 | | | | |

## 【任务总结】

**【任务成果 1】**

## 投标函

_____（招标人名称）：

    1.我方已仔细研究了_____（项目名称）标段施工招标文件的全部内容，愿意以人民币（大写）_____元（¥_____）的投标总报价，工期_____日历天，按合同约定实施和完成承包工程，修补工程中的任何缺陷，工程质量达到_____。

    2.我方承诺在投标有效期内不修改、撤销投标文件。

    3.随同本投标函提交投标保证金一份，金额为人民币（大写）_____元（¥_____）。

    4.如我方中标：

    （1）我方承诺在收到中标通知书后，在中标通知书规定的期限内与你方签订合同。

    （2）随同本投标函递交的投标函附录属于合同文件的组成部分。

    （3）我方承诺按照招标文件规定向你方递交履约担保。

    （4）我方承诺在合同约定的期限内完成并移交全部合同工程。

    5.我方在此声明，所递交的投标文件及有关资料内容完整、真实和准确，且不存在第二章"投标人须知"第1.4.3项规定的任何一种情形。

    6._____（其他补充说明）。

投　标　人：_____（盖单位章）

法定代表人或其委托代理人：_____（签字）

地　　　址：_____

网　　　址：_____

电　　　话：_____

传　　　真：_____

邮政编码：_____

_____年_____月_____日

**【任务成果2】**

**法定代表人身份证明**

投标人名称：_____

单位性质：_____

地　　址：_____

成立时间：_____年_____月_____日

经营期限：_____

姓名：_____　性别：_____　年龄：_____　职务：_____　系

_____（投标人名称）的法定代表人。

特此证明。

投标人：_____（盖单位章）

_____年_____月_____日

**【任务成果3】**

**授权委托书**

本人_____（姓名）系_____（投标人名称）的法定代表人，现委托_____（姓名）为我方代理人。代理人根据授权，以我方名义签署、澄清、说明、补正、递交、撤回、修改_____（项目名称）_____标段施工投标文件、签订合同和处理有关事宜，其法律后果由我方承担。

委托期限：_____。

代理人无转委权。

附：法定代表人身份证明

投　标　人：_____（盖单位章）

法定代表人：_____（签字）

身份证号码：_____

委托代理人：_____（签字）

身份证号码：_____

_____年_____月_____日

# 任务 8.3　编制投标文件（2）

## 【任务要求】

根据技能训练手册"任务 4.1 编制招标文件"中所编制的投标人须知前附表，编制投标资格审查文件。

## 【任务实施】

1. 阅读分析招标文件，明确投标人资格要求。

2. 按照《中华人民共和国标准施工招标文件》资格审查资料的内容和格式编制资格审查文件。

3. 检查文件资料的正确性和完整性。

## 【任务成果】

填写资格审查资料。

## 【任务评价】

| 评价项目 | 分值 | 自评分<br>（20%） | 互评分<br>（30） | 教师评分<br>（50%） | 总分 |
|---|---|---|---|---|---|
| 工作考勤 | 20 | | | | |
| 工作态度 | 20 | | | | |
| 任务分析思路 | 10 | | | | |
| 任务完成情况 | 30 | | | | |
| 协作与沟通 | 10 | | | | |
| 归纳总结 | 10 | | | | |
| 合　计 | 100 | | | | |

## 【任务总结】

**【任务成果】**

## 资格审查资料

（一）投标人基本情况表

| 投标人名称 | | | | | |
|---|---|---|---|---|---|
| 注册地址 | | | 邮政编码 | | |
| 联系方式 | 联系人 | | 电　话 | | |
| | 传　真 | | 网　址 | | |
| 组织结构 | | | | | |
| 法定代表人 | 姓名 | | 技术职称 | | 电话 |
| 技术负责人 | 姓名 | | 技术职称 | | 电话 |
| 成立时间 | | 员工总人数： | | | |
| 企业资质等级 | | 其中 | 项目经理 | | |
| 营业执照号 | | | 高级职称人员 | | |
| 注册资金 | | | 中级职称人员 | | |
| 开户银行 | | | 初级职称人员 | | |
| 账　号 | | | 技　工 | | |
| 经营范围 | | | | | |
| 备　注 | | | | | |

（二）近年财务状况表（略）

## （三）近年完成的类似项目情况表

| | |
|---|---|
| 项目名称 | |
| 项目所在地 | |
| 发包人名称 | |
| 发包人地址 | |
| 发包人电话 | |
| 合同价格 | |
| 开工日期 | |
| 竣工日期 | |
| 承担的工作 | |
| 工程质量 | |
| 项目经理 | |
| 技术负责人 | |
| 总监理工程师及电话 | |
| 项目描述 | |
| 备　注 | |

## （四）正在施工的和新承接的项目情况表

| | |
|---|---|
| 项目名称 | |
| 项目所在地 | |
| 发包人名称 | |
| 发包人地址 | |
| 发包人电话 | |
| 签约合同价 | |
| 开工日期 | |
| 计划竣工日期 | |
| 承担的工作 | |
| 工程质量 | |
| 项目经理 | |
| 技术负责人 | |
| 总监理工程师及电话 | |
| 项目描述 | |
| 备 注 | |

（五）近年发生的诉讼及仲裁情况（略）

# 项目 9　合同法律基础

## 任务 9.1　基础知识问答

【思考与练习】

1. 合同是指民事主体之间＿＿＿＿＿＿、＿＿＿＿＿＿、＿＿＿＿＿民事法律关系的＿＿＿＿＿＿。

2. 合同应遵循《中华人民共和国民法典》的基本原则，即＿＿＿＿＿＿原则、＿＿＿＿＿＿原则、＿＿＿＿＿＿原则、＿＿＿＿＿＿原则、＿＿＿＿＿＿原则和＿＿＿＿＿＿原则。

3. 当事人订立合同可以采用＿＿＿＿形式、口头形式或者＿＿＿＿形式。

4. 代理包括＿＿＿＿＿＿代理和＿＿＿＿＿＿代理

5. 合同生效的条件有（1）当事人须有缔约能力；（2）＿＿＿＿＿＿；（3）不违反法律和社会公共利益；（4）＿＿＿＿＿＿＿＿。

6. 合同无效的法律后果：（1）＿＿＿＿＿＿；（2）＿＿＿＿＿＿；（3）＿＿＿＿＿＿。

7. 抗辩权种类有＿＿＿＿＿＿抗辩权、＿＿＿＿＿＿抗辩权和＿＿＿＿＿＿抗辩权。

8. 狭义的合同变更是在合同主体保持不变的情况下，合同＿＿＿＿＿＿发生变更。

9. 合同转让就是合同的＿＿＿＿＿＿变更。

10. 有下列情形之一的，债权债务终止：（1）＿＿＿＿＿＿＿＿；（2）＿＿＿＿＿＿；（3）＿＿＿＿＿＿；（4）＿＿＿＿＿＿；（5）＿＿＿＿＿＿＿＿；（6）＿＿＿＿＿＿。

11. 承担违约责任的主要方式有＿＿＿＿＿＿、＿＿＿＿＿＿、＿＿＿＿＿＿等。

12. 不可抗力，是指不能＿＿＿＿、不能＿＿＿＿并不能＿＿＿＿的客观情况。这种客观情况既包括自然现象，如＿＿＿＿、水灾、＿＿＿＿、雷击等；也包括社会现象，如＿＿＿＿、罢工等。

13. 不可抗力可以＿＿＿＿＿＿或＿＿＿＿＿＿免除当事人的违约责任。

# 项目 10　建设工程施工合同

## 任务 10.1　基础知识问答

**【思考与练习】**

1.《建设工程施工合同（示范文本）》GF-2017-0201 由＿＿＿＿＿＿＿、＿＿＿＿＿＿＿＿＿和＿＿＿＿＿＿三部分组成。

2.建设工程合同按照计价方式分为三种，即＿＿＿＿＿＿＿＿＿＿＿＿合同、＿＿＿＿＿＿＿＿＿＿合同和＿＿＿＿＿＿＿＿＿＿＿合同。

3.发包人是指＿＿＿＿＿＿＿＿＿＿＿＿＿＿＿＿＿＿＿＿＿＿＿＿＿＿＿＿＿；承包人是指＿＿＿＿＿＿＿＿＿＿＿＿＿＿＿＿＿＿＿＿＿＿＿＿＿＿＿。

4.构成合同的文件按解释顺序优先性排列依次为：

(1)＿＿＿＿＿＿＿＿＿＿＿＿＿＿＿；

(2)＿＿＿＿＿＿＿＿＿＿＿＿＿＿＿；

(3)＿＿＿＿＿＿＿＿＿＿＿＿＿＿＿；

(4)＿＿＿＿＿＿＿＿＿＿＿＿＿＿＿；

(5)＿＿＿＿＿＿＿＿＿＿＿＿＿＿＿；

(6)技术标准和要求；

(7)图纸；

(8)已标价工程量清单或预算书；

(9)其他合同文件。

5.合同通用条款约定可以进行变更的情形有：

(1)＿＿＿＿＿＿＿＿＿＿＿＿＿＿＿；

(2)＿＿＿＿＿＿＿＿＿＿＿＿＿＿＿；

(3)＿＿＿＿＿＿＿＿＿＿＿＿＿＿＿；

(4)＿＿＿＿＿＿＿＿＿＿＿＿＿＿＿；

(5)＿＿＿＿＿＿＿＿＿＿＿＿＿＿＿。

# 任务 10.2  合同协议书的签订

**【任务要求】**

按照《建设工程施工合同（示范文本）》GF-2017-0201 中"协议书"的格式，根据技能训练手册中"任务 7.3  定标阶段工段"的案例背景，模拟签订合同协议书。

**【任务实施】**

1. 小组讨论分析。

2. 根据技能训练手册中"任务 7.3  定标阶段工段"的中标通知书，填写签署合同协议书。

**【任务成果】**

编制合同协议书。

**【任务评价】**

| 评价项目 | 分值 | 自评分<br>（20%） | 互评分<br>（30） | 教师评分<br>（50%） | 总分 |
|---|---|---|---|---|---|
| 工作考勤 | 20 | | | | |
| 工作态度 | 20 | | | | |
| 任务分析思路 | 10 | | | | |
| 任务完成情况 | 30 | | | | |
| 协作与沟通 | 10 | | | | |
| 归纳总结 | 10 | | | | |
| 合 计 | 100 | | | | |

**【任务总结】**

**【任务成果】**

合同协议书

**发包人（全称）**：＿＿＿＿＿＿＿＿＿＿＿＿＿＿＿＿＿＿＿

**承包人（全称）**：＿＿＿＿＿＿＿＿＿＿＿＿＿＿＿＿＿＿＿

　　根据《中华人民共和国合同法》《中华人民共和国建筑法》及有关法律规定，遵循平等、自愿、公平和诚实信用的原则，双方就＿＿＿＿＿＿工程施工及有关事项协商一致，共同达成如下协议：

### 一、工程概况

1. 工程名称：＿＿＿＿＿＿＿＿＿＿＿＿＿＿＿＿＿＿＿＿＿＿。

2. 工程地点：＿＿＿＿＿＿＿＿＿＿＿＿＿＿＿＿＿＿＿＿＿＿。

3. 工程立项批准文号：＿＿＿＿＿＿＿＿＿＿＿＿＿＿＿＿＿＿。

4. 资金来源：＿＿＿＿＿＿＿＿＿＿＿＿＿＿＿＿＿＿＿＿＿＿。

5. 工程内容：＿＿＿＿＿＿＿＿＿＿＿＿＿＿＿＿＿＿＿＿＿＿。

群体工程应附《承包人承揽工程项目一览表》（附件1）。

6. 工程承包范围：＿＿＿＿＿＿＿＿＿＿＿＿＿＿＿＿＿＿＿＿

＿＿＿＿＿＿＿＿＿＿＿＿＿＿＿＿＿＿＿＿＿＿＿＿＿＿＿＿＿＿。

### 二、合同工期

计划开工日期：＿＿＿＿＿年＿＿＿月＿＿＿日。

计划竣工日期：＿＿＿＿＿年＿＿＿月＿＿＿日。

工期总日历天数：＿＿＿＿＿天。工期总日历天数与根据前述计划开竣工日期计算的工期天数不一致的，以工期总日历天数为准。

### 三、质量标准

工程质量符合＿＿＿＿＿＿＿＿＿＿＿＿＿＿＿＿＿＿标准。

### 四、签约合同价与合同价格形式

1. 签约合同价为：＿＿＿＿＿＿＿＿＿＿＿＿＿＿＿＿人民币（大写）

＿＿＿＿＿＿＿＿（￥＿＿＿＿＿＿元）；

其中：

（1）安全文明施工费：

人民币（大写）＿＿＿＿＿＿＿＿（￥＿＿＿＿＿＿元）；

（2）材料和工程设备暂估价金额：

人民币（大写）＿＿＿＿＿＿＿＿（￥＿＿＿＿＿＿元）；

（3）专业工程暂估价金额：

人民币（大写）＿＿＿＿＿＿＿＿（￥＿＿＿＿＿＿元）；

（4）暂列金额：

人民币（大写）_____（¥_____元）。

2.合同价格形式：_____。

**五、项目经理**

承包人项目经理：_____。

**六、合同文件构成**

本协议书与下列文件一起构成合同文件：

（1）中标通知书（如果有）；

（2）投标函及其附录（如果有）；

（3）专用合同条款及其附件；

（4）通用合同条款；

（5）技术标准和要求；

（6）图纸；

（7）已标价工程量清单或预算书；

（8）其他合同文件。

在合同订立及履行过程中形成的与合同有关的文件均构成合同文件组成部分。上述各项合同文件包括合同当事人就该项合同文件所作出的补充和修改，属于同一类内容的文件，应以最新签署的为准。专用合同条款及其附件须经合同当事人签字或盖章。

**七、承诺**

1.发包人承诺按照法律规定履行项目审批手续、筹集工程建设资金并按照合同约定的期限和方式支付合同价款。

2.承包人承诺按照法律规定及合同约定组织完成工程施工，确保工程质量和安全，不进行转包及违法分包，并在缺陷责任期及保修期内承担相应的工程维修责任。

3.发包人和承包人通过招投标形式签订合同的，双方理解并承诺不再就同一工程另行签订与合同实质性内容相背离的协议。

**八、词语含义**

本协议书中词语含义与第二部分通用合同条款中赋予的含义相同。

**九、签订时间**

本合同于_____年_____月_____日签订。

**十、签订地点**

本合同在_____签订。

**十一、补充协议**

合同未尽事宜，合同当事人另行签订补充协议，补充协议是合同的组成部分。

**十二、合同生效**

本合同自_____生效。

**十三、合同份数**

本合同一式_____份，均具有同等法律效力，发包人执_____份，承包人执_____份。

发包人：　（公章）

法定代表人或其委托代理人：

（签字）

组织机构代码：_____

地　　址：_____

邮政编码：_____

法定代表人：_____

委托代理人：_____

电　　话：_____

传　　真：_____

电子信箱：_____

开户银行：_____

账　　号：_____

承包人：　（公章）

法定代表人或其委托代理人：

（签字）

组织机构代码：_____

地　　址：_____

邮政编码：_____

法定代表人：_____

委托代理人：_____

电　　话：_____

传　　真：_____

电子信箱：_____

开户银行：_____

账　　号：_____

# 项目 11　合同索赔管理

## 任务 11.1　索赔案例分析和计算

**【任务要求】**

1. 根据案例背景事件，分析干扰事件能否索赔；简述索赔的原因和依据。
2. 根据案例背景的索赔事件，计算出工期索赔和费用索赔。

**【任务实施】**

1. 小组讨论分析案例项目背景和发生的索赔事件。
2. 分析索赔事件是否能索赔。
3. 思考回答相应问题。

**【任务成果】**

完成案例分析和计算。

**【任务评价】**

| 评价项目 | 分值 | 自评分<br>(20%) | 互评分<br>(30) | 教师评分<br>(50%) | 总分 |
|---|---|---|---|---|---|
| 工作考勤 | 20 | | | | |
| 工作态度 | 20 | | | | |
| 任务分析思路 | 10 | | | | |
| 任务完成情况 | 30 | | | | |
| 协作与沟通 | 10 | | | | |
| 归纳总结 | 10 | | | | |
| 合　计 | 100 | | | | |

**【任务总结】**

**【任务成果1】**

某工程，施工单位编制了如下进度计划（单位：天），得到业主的批准，该进度计划计算工期等于合同工期：

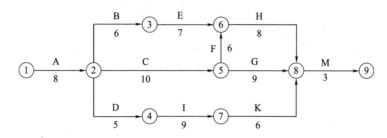

施工中，发生如下事件：因业主设计变更导致 D 工作延误 3 天，业主要求施工单位必须在合同约定的工期内完工。D 工作若赶工 3 天，赶工费用 5 万元。施工单位采取赶工措施并向业主提出 5 万元的赶工费索赔。

**思考分析：**

施工单位的索赔能否成立？请说明理由。

**【任务成果 2】**

某工程在施工过程中发生如下事件：

事件一：基坑开挖后发现下面有河道，业主提供的地质勘探资料中没有显示有旧河道。经施工单位研究，须进行清淤并对地基进行二次处理。

事件二：业主未按时支付工程进度款，承包方停工 20 天。

事件三：工程开工不久后，施工单位与某材料供应商签订了装修材料供货合同。双方在合同内约定：如供方不能按约定时间供货，每天赔偿订购方合同价万分之五的违约金。供货方运输材料到工地期间，遇到山洪暴发，道路被阻，未能按时供货，拖延 10 天。

在上述事件发生后，承包方及时向业主提交了工期和费用索赔要求文件，向供货方提出了费用索赔要求。

**思考分析：**

1. 施工单位对以上事件进行索赔，索赔能否成立？为什么？

2. 按索赔的原因分类，索赔可分为哪几种？

3. 在工程施工中，索赔证据有哪些？

**【任务成果3】**

某办公楼工程，建筑面积为 6000m²，基础类型为独立柱基础，设承台梁，独立柱基础埋深为 1.5m，主体为框架结构。工程前期地质勘察报告中地基基础持力层为中砂层，建设单位提供基础施工钢材。基础工程施工分为两个施工流水段，组织流水施工，根据工期要求编制了工程基础项目的施工进度计划，并绘出施工双代号网络计划图，如下图所示。

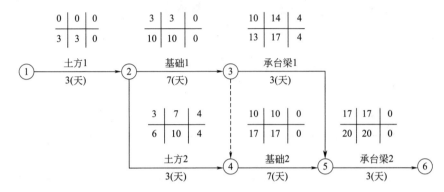

在工程施工中发生如下事件：

事件一：土方2施工中，施工单位发现施工现场中有勘察报告未提及的软弱持力层。该事件导致工期延误6天。

事件二：承台梁1施工中，因钢材未按时进场导致工期延期3天。

事件三：基础2施工时，因施工质量检查不合格，返工致使工期延期5天。

**思考分析：**

1. 指出网络计划的关键线路并计算总工期。

2. 针对本案例上述各事件，施工总承包单位是否可以提出工期索赔，说明理由。

3. 对索赔成立的事件，总工期可以顺延几天？实际工期是多少天？

4. 上述事件发生后，本工程网络计划的关键线路是否发生改变，如有改变，请指出新的关键线路。

# 项目 12　合同纠纷管理

## 任务 12.1　纠纷的解决方式

**【任务要求】**

案例分析：分析纠纷解决方式的优缺点。

**【任务评价】**

| 评价项目 | 分值 | 自评分<br>(20%) | 互评分<br>(30) | 教师评分<br>(50%) | 总分 |
|---|---|---|---|---|---|
| 工作考勤 | 20 | | | | |
| 工作态度 | 20 | | | | |
| 任务分析思路 | 10 | | | | |
| 任务完成情况 | 30 | | | | |
| 协作与沟通 | 10 | | | | |
| 归纳总结 | 10 | | | | |
| 合　计 | 100 | | | | |

**【任务总结】**

**【案例背景】**

2017年张××在××建筑发展限公司处承建外墙装饰等工程，2019年2月3日，该公司给张某出具结账单，确认欠张××工程款122540元未结清。经张××多次催要未果，为此，张××诉至法院，要求××建筑发展限公司支付工程款152540元，并支付滞纳金10810元。

在对本案的法律事实经过详细调查后，法院采取了调解方式，使双方当事人自愿达成如下协议：

（1）被告××建筑发展限公司于2020年9月20日前向原告张××支付工程款152540元，原告张某放弃10810元滞纳金；

（2）如被告××建筑发展限公司未按约定期限支付，应另向原告张××支付10810元滞纳金。

（3）本案受理费2586元，由被告××建筑发展限公司承担（原告已垫付，待执行时被告付给原告）。

（4）双方当事人一致同意本调解协议的内容自双方在调解协议上签名或按印后即具有法律效力。

**【案例分析】**

1.本案例采用了哪种纠纷解决方式？

2.比较几种纠纷解决方式的优缺点，分析此解决方式有什么优点？

# 任务 12.2   纠纷的防范

**【任务要求】**

根据合同纠纷的产生原因，分析不同成因应当采取的相应防范措施。

**【任务实施】**

各小组成员根据以下纠纷原因开展讨论分析，并汇总讨论结果，填写防范措施，完成后根据老师给出的参考答案，完成任务评价。

**【任务评价】**

| 评价项目 | 分值 | 自评分<br>（20%） | 互评分<br>（30） | 教师评分<br>（50%） | 总分 |
|---|---|---|---|---|---|
| 工作考勤 | 20 | | | | |
| 工作态度 | 20 | | | | |
| 任务分析思路 | 10 | | | | |
| 任务完成情况 | 30 | | | | |
| 协作与沟通 | 10 | | | | |
| 归纳总结 | 10 | | | | |
| 合 计 | 100 | | | | |

**【任务总结】**

**【任务成果】**

| 纠纷原因 | 防范措施 |
|---|---|
| 合同文本不规范 | |
| 阴阳合同 | |
| 合同有失公正，双方权利、义务不对等 | |
| 缺乏索赔依据 | |
| 合同履约程度低 | |
| 转包或违法分包 | |
| 资质不符或存在挂靠现象 | |

# 任务 12.3　建设工程施工合同纠纷案件司法解释主要规定

## 【任务要求】

根据建设工程施工合同纠纷案件司法解释主要规定，进行案例分析。

## 【任务实施】

各小组成员根据以下案例开展讨论，给出合理分析，回答相关问题，完成后根据老师给出的参考答案，完成任务评价。

## 【任务评价】

| 评价项目 | 分值 | 自评分<br>（20%） | 互评分<br>（30） | 教师评分<br>（50%） | 总分 |
|---|---|---|---|---|---|
| 工作考勤 | 20 | | | | |
| 工作态度 | 20 | | | | |
| 任务分析思路 | 10 | | | | |
| 任务完成情况 | 30 | | | | |
| 协作与沟通 | 10 | | | | |
| 归纳总结 | 10 | | | | |
| 合　计 | 100 | | | | |

## 【任务总结】

**【案例背景】**

甲为发包人,乙为工程承包人,双方签订了建设工程施工合同。之后,乙将承包的工程转包给丙,丙进行了实际施工。该工程经竣工验收合格,但甲发现实际施工人不是与自己签订合同的乙,故拒绝支付工程款。于是,乙向人民法院提起诉讼,请求参照合同约定支付工程价款。

**【案例分析】**

1. 请分析该合同的效力情形。

2. 乙的请求能否得到人民法院的支持?

**7. 发布公告的媒介**

　　本次招标公告同时在中国政府采购网（http：//www.ccgp.gov.cn）、广西壮族自治区政府采购网（http：//www.gxzfcg.gov.cn）、中国招标投标公共服务平台（http：//www.cebpubservice.com）、广西壮族自治区招标投标公共服务平台（http：//ztb.gxi.gov.cn）、广西壮族自治区公共资源交易中心网（http：//gxggzy.gxzf.gov.cn）上发布。

**8. 交易服务单位**

　　广西壮族自治区公共资源交易中心。

**9. 监督部门及电话**

　　广西壮族自治区政府采购监督管理部门，联系电话：0771-×××××××。

**10. 联系方式**

| 招标人：广西×××学校 | 招标代理机构：广西××招标中心有限公司 |
|---|---|
| 地　　址：南宁市×××路2-1号 | 地　　址：南宁市×××××××× |
| 邮　　编：530007 | 邮　　编：530007 |
| 联系人：××× | 联　系　人：××× |
| 电　　话：0771-××××××× | 电　　话：0771-××××××× |
| 传　　真： | 传　　真：0771-××××××× |
| 电子邮箱： | 电 子 邮 箱：nn@gxkl.com |

　　　　　　　　　　　　　　招标人：广西×××学校

　　　　　　　　　　　招标代理机构：广西××招标中心有限公司

　　　　　　　　　　　　　　日期：2020 年 2 月 12 日

3-3
资格预审
公告
（示例）

3-4
投标邀请书
（资格预审）
（示例）

## 任务 3.2　发布招标公告

　　依法必须招标项目的招标公告，除依法需要保密或者涉及商业秘密的内容外，应当按照公益服务、公开透明、高效便捷、集中共享的原则，依法向社会公开。招标公告的发布应当符合《中华人民共和国招标投标法》《中华人民共和国招标投标法实施条例》《房屋建筑和市政基础设施工程施工招标投标管理办法》以及《招标公告和公示信息发布管理办法》等法律法规的规定。

### 3.2.1 招标公告发布前的备案

3-5
招标公告
和公示
信息发布
管理办法

《房屋建筑和市政基础设施工程施工招标投标管理办法》规定，招标人自行办理施工招标事宜的，应当在发布招标公告或者发出投标邀请书的 5 日前，向工程所在地县级以上地方人民政府建设行政主管部门备案，并报送相关材料。

### 3.2.2 招标公告发布的媒介要求

招标公告应当在以下媒介发布：

**1. "中国招标投标公共服务平台"或者项目所在地省级电子招标投标公共服务平台**

《招标公告和公示信息发布管理办法》规定，依法必须招标项目的招标公告和公示信息应当在"中国招标投标公共服务平台"或者项目所在地省级电子招标投标公共服务平台发布。

**2. 中国工程建设和建筑业信息网**

《房屋建筑和市政基础设施工程施工招标投标管理办法》规定，依法必须进行施工公开招标的工程项目，应当在国家或者地方指定的报刊、信息网络或者其他媒介上发布招标公告，并同时在中国工程建设和建筑业信息网上发布招标公告。

**3. 其他媒介**

发布招标公告的目的在于将招标的信息发布出去，吸引更多的潜在投标人参与竞争。所以，发布招标公告的媒介包括上述两点的媒介，但不限于上述媒体。

### 3.2.3 招标公告发布的内容一致性要求

依法必须招标项目的招标公告除在规定发布媒介发布外，招标人或其招标代理机构也可以同步在其他媒介公开，但在两家以上媒介发布的同一招标项目的招标公告内容应当一致。

### 3.2.4 招标公告发布的形式要求

拟发布的招标公告文本应当由招标人或其招标代理机构盖章，并由主要负责人或其授权的项目负责人签名。采用数据电文形式的，应当按规定进行电子签名。招标人或其招标代理机构应当对其提供的招标公告的真实性、准确性、合法性负责。

# 项目4

# 发售招标文件

 教学目标

## 1. 知识目标

(1) 熟悉标准招标文件的内容和格式;

(2) 掌握招标文件关键内容的编写要求,重点掌握投标须知前附表的编制;

(3) 掌握发售招标文件的注意事项。

## 2. 能力目标

能根据招标文件范本,结合项目实际情况,编制完成招标文件以下部分:

(1) 必需能力:编制招标公告和投标邀请书、编制投标人须知;

(2) 拓展能力:编制评标办法、合同条款及格式、工程量清单。

## 3. 思政目标

(1) 培养严谨认真的工作态度;

(2) 树立时间观念。

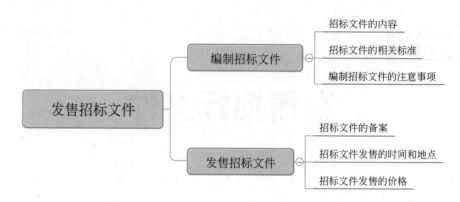

　　招标公告发出后，有投标意向的潜在投标人将购买招标文件，以进一步了解项目情况和招标要求。所以，作为招标人，接下来要做的就是发售按照要求编制好的招标文件。

## 任务 4.1 编制招标文件

　　招标文件是招标投标活动的基础，是招标活动的总纲，它阐明需要采购货物或工程的性质，通报招标程序将依据的规则和程序，告知订立合同的条件。同时，招标文件也是投标人编制投标文件的依据，是招标人与中标人商签合同的基础。因此，招标文件在整个采购过程中起着至关重要的作用。招标人应本着公平互利的原则，认真编制招标文件，务使招标文件合法合规、严密周到、细致准确。

### 4.1.1　招标文件的内容

　　根据《房屋建筑和市政基础设施工程施工招标投标管理办法》第十七条规定："招标人应当根据招标工程的特点和需要，自行或者委托工程招标代理机构编制招标文件。招标文件应当包括下列内容：

　　（一）投标须知，包括工程概况，招标范围，资格审查条件，工程资金来源或者落实情况，标段划分，工期要求，质量标准，现场踏勘和答疑安排，投标文件编制、提交、修改、撤回的要求，投标报价要求，投标有效期，开标的时间和地点，评标的方法和标准等；

　　（二）招标工程的技术要求和设计文件；

　　（三）采用工程量清单招标的，应当提供工程量清单；

　　（四）投标函的格式及附录；

（五）拟签订合同的主要条款；

（六）要求投标人提交的其他材料。"

## 4.1.2 招标文件的相关标准

**1.《中华人民共和国标准施工招标文件》**

2007 年国家发展和改革委员会、财政部、建设部等九部委发布的《中华人民共和国标准施工招标文件》是编制施工招标文件的主要依据，适用于一定规模以上、且设计和施工不是由同一承包人承担的工程施工招标。

该文件分为四卷共八章，内容如下：

（1）第一卷，包括：第一章～第五章。

1）第一章 招标公告、投标邀请书。本章分别规定了公开招标使用的招标公告、邀请招标使用的投标邀请书以及资格预审通过后的投标邀请书的内容和格式。招标人按照《中华人民共和国标准施工招标文件》第一章的格式发布招标公告或发出投标邀请书后，将实际发布的招标公告或实际发出的投标邀请书编入出售的招标文件中，作为投标邀请。

2）第二章 投标人须知。本章主要对项目基本情况、招标投标的要求、时间步骤安排、开标评标办法等进行阐述，包括了投标人须知前附表、正文和附表格式三部分。"投标人须知前附表"将招标投标的主要信息进行了提取，明确投标人须知正文中的未尽事宜。投标人须知前附表和正文相关内容要相一致。

3）第三章 评标办法。本章分别规定经评审的最低投标价法和综合评估法两种评标方法，供招标人根据招标项目具体特点和实际需要选择适用。

4）第四章 合同条款及格式。本章阐述中标后双方拟签订的合同的内容和格式，合同包括通用条款、专用条款和合同附件格式三个部分。

5）第五章 工程量清单。工程量清单由招标人根据工程量清单的国家标准、行业标准，以及行业标准施工招标文件（如有）、招标项目具体特点和实际需要编制，并与"投标人须知""通用合同条款""专用合同条款""技术标准和要求""图纸"相衔接。本章所附表格可根据有关规定作相应的调整和补充。

（2）第二卷，包括：第六章 图纸。

本章"图纸"由招标人根据行业标准施工招标文件（如有）、招标项目具体特点和实际需要编制，并与"投标人须知""通用合同条款""专用合同条款""技术标准和要求"相衔接。

（3）第三卷，包括：第七章 技术标准和要求。

本章"技术标准和要求"由招标人根据行业标准施工招标文件（如有）、招标项目具体特点和实际需要编制。"技术标准和要求"中的各项技术标准应符合国家强制性标准，不得要求或标明某一特定的专利、商标、名称、设计、原产地或生产供应者，不得含有倾向或者排斥潜在投标人的其他内容。如果必须引用某一生产供应者的技术标准才能准确或清楚地说明拟招标项目的技术标准时，则应当在参照后面加上"或相当于"字样。

（4）第四卷，包括：第八章 投标文件格式。

本章对投标人进行投标所需编制的投标文件的格式进行了规定，投标人进行投标应按照此章节格式要求编制投标文件。

2.《中华人民共和国简明标准施工招标文件》和《中华人民共和国标准设计施工总承包招标文件》（2012年版）

4-2
《中华人民共和国简明标准施工招标文件（2012年版）》

4-3
《中华人民共和国标准设计施工总承包招标文件（2012年版）》

为落实中央关于建立工程建设领域突出问题专项治理长效机制的要求，进一步完善招标文件编制规则，提高招标文件编制质量，促进招标投标活动的公开、公平和公正，国家发展和改革委会同工业和信息化部、财政部、住房和城乡建设部、交通运输部、铁道部、水利部、广电总局、民航局，编制了《中华人民共和国简明标准施工招标文件》和《中华人民共和国标准设计施工总承包招标文件》（统一简称为《标准文件》），两个《标准文件》自2012年5月1日起实施，有关事项说明如下：

（1）适用范围

依法必须进行招标的工程建设项目，工期不超过12个月、技术相对简单、且设计和施工不是由同一承包人承担的小型项目，其施工招标文件应当根据《中华人民共和国简明标准施工招标文件》编制；设计施工一体化的总承包项目，其招标文件应当根据《中华人民共和国标准设计施工总承包招标文件》编制。

（2）应当不加修改地引用《标准文件》的内容

《标准文件》中的"投标人须知"（投标人须知前附表和其他附表除外）、"评标办法"（评标办法前附表除外）、"通用合同条款"，应当不加修改地引用。

（3）行业主管部门可以做出的补充规定

国务院有关行业主管部门可根据本行业招标特点和管理需要，对《中华人民共和国简明标准施工招标文件》中的"专用合同条款""工程量清单""图纸""技术标准和要求"，《中华人民共和国标准设计施工总承包招标文件》中的"专用合同条款""发包人要求""发包人提供的资料和条件"做出具体规定。其中，"专用合同条款"可对"通用合同条款"进行补充、细化，但除"通用合同条款"明确规定可以做出不同约定外，"专用合同条款"补充和细化的内容不得与"通用合同条款"相抵触，否则抵触内容无效。

（4）招标人可以补充、细化和修改的内容

"投标人须知前附表"用于进一步明确"投标人须知"正文中的未尽事宜，招标人或者招标代理机构应结合招标项目具体特点和实际需要编制和填写，但不得与"投标人须知"正文内容相抵触，否则抵触内容无效。

"评标办法前附表"用于明确评标的方法、因素、标准和程序。招标人应根据招标项目具体特点和实际需要，详细列明全部审查或评审因素、标准，没有列明的因素和标准不得作为资格审查或者评标的依据。

招标人或者招标代理机构可根据招标项目的具体特点和实际需要，在"专用合同条款"中对《标准文件》中的"通用合同条款"进行补充、细化和修改，但不得违反法律、行政法规的强制性规定，以及平等、自愿、公平和诚实信用原则，否则相关内容无效。

### 4.1.3　编制招标文件的注意事项

1. 根据相应的《标准文件》和各地的招标文件范本编制招标文件，要求不加修改引用的部分不能修改，允许补充、细化和修改的部分要基本参照、慎重修改。

2. 招标文件内容要完整，用语清晰准确无歧义。

3. 关键工作时间安排要明确、合法。关键工作时间的相关规定请参照项目 2 的 "2.2.2 公开招标各工作步骤的时间要求"。

4-4
《广西壮族自治区房屋建筑和市政工程施工招标文件范本（2019年版）》

## 任务 4.2　发售招标文件

招标文件通常在招标公告发出后开始发售。关于招标文件的发售，《中华人民共和国招标投标法》《中华人民共和国招标投标法实施条例》以及《房屋建筑和市政基础设施工程施工招标投标管理办法》等相关法律法规有如下规定：

### 4.2.1　招标文件的备案

依法必须进行施工招标的工程，招标人应当在招标文件发出的同时，将招标文件报工程所在地的县级以上地方人民政府建设行政主管部门备案。建设行政主管部门发现招标文件有违反法律、法规内容的，应当责令招标人改正。

### 4.2.2　招标文件发售的时间和地点

招标人应当按照资格预审公告、招标公告或者投标邀请书规定的时间、地点发售招标文件。招标文件的发售期（潜在投标人获取招标文件的时间）不得少于 5 个工作日。

### 4.2.3　招标文件发售的价格

招标人对于发出的招标文件可以酌收工本费，费用应当限于补偿印刷、邮寄的成本支出，不得以营利为目的。其中的设计文件，招标人可以酌收押金。对于开标后将设计文件退还的，招标人应当退还押金。

# 项目5

## 招标过程组织

 教学目标

### 1. 知识目标

（1）了解招标人组织现场踏勘、召开投标预备会的目的及内容，掌握投标预备会的主要议程；

（2）了解关于招标控制价的相关法律规定，理解招标控制价的概念和作用，掌握招标控制价公告的格式和内容；

（3）掌握法律法规对招标文件澄清和修改的相关规定，熟悉公告的格式和内容。

### 2. 能力目标

（1）能做好现场踏勘的准备工作；

（2）能组织召开投标预备会；

（3）能根据项目实际情况，填写完成招标控制价公告、招标文件澄清或修改公告。

### 3. 思政目标

（1）培养严谨认真的工作态度；

（2）树立团队协作意识。

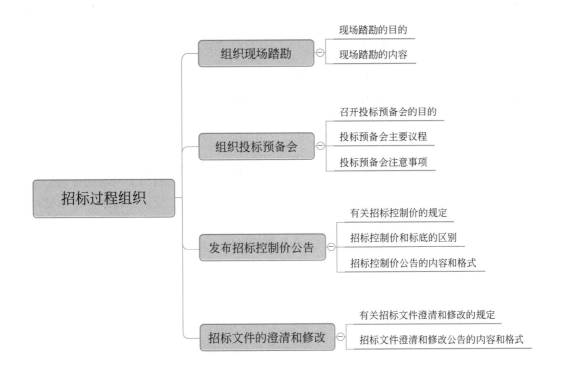

引文

　　为了让潜在投标人更准确地掌握项目情况，可以组织进行现场踏勘、召开投标预备会。如发现招标文件有不准确、不完整、表达不清晰的地方，可以按照规定进行澄清和修改。

# 任务 5.1　组织现场踏勘

　　招标文件发放后，招标人应当按照招标文件规定的时间、地点，集体组织潜在投标人对项目实施现场进行实地踏勘了解，并介绍有关情况。

## 5.1.1　现场踏勘的目的

　　现场踏勘的目的在于使投标人了解工程现场和周围环境情况，获取对投标有帮助的信息，并据此做出关于投标策略和投标报价的决定。招标人不对投标人据此做出的判断和决策负责。

　　如招标文件中约定招标人不组织现场踏勘的，潜在投标人可根据需要自行勘查项目现场。

5-1
投标人是否一定要参加现场踏勘？

### 5.1.2　现场踏勘的内容

现场踏勘的主要内容如下：

（1）施工现场是否达到招标文件规定的条件，如"三通一平"等。

（2）施工现场自然地理条件。包括地理位置、地形地貌、用地范围；气象水文情况；地质情况；地震、洪水等自然灾害情况。

（3）现场施工条件。包括施工现场周围的道路、进出场条件、交通限制情况；施工现场临时设施、大型施工机具、材料堆放场地安排情况；施工现场相邻建筑物的位置、结构形式、基础埋深、高度等信息；市政给水排水管线位置、管径、压力，废水、污水处理方式，市政、消防供水管道管径、压力、位置等；现场供电方式、方位、距离、电压等；工程现场通信线路的连接和铺设；当地政府有关部门对施工现场的一般要求、特殊要求及规定等。

（4）施工现场附近的生活设施、治安情况等。

## 任务 5.2　组织投标预备会

招标文件规定召开投标预备会的，招标人应当按照招标文件规定的时间和地点组织投标预备会。

投标人在研究招标文件和现场踏勘后，如有疑问的，可在投标预备会前，以书面形式将提出的问题送达招标人，由招标人在会议中解答。

### 5.2.1　召开投标预备会的目的

投标预备会是招标人为了澄清、解答潜在投标人在阅读招标文件和现场踏勘后提出的疑问，按照招标文件规定时间组织的投标预备会议。招标人同时可以利用投标预备会对招标文件进行必要的澄清、修改（需经招标投标管理机构核准）。

### 5.2.2　投标预备会主要议程

（1）介绍主持人及问题解答人；

（2）解答潜在投标人提出的疑问，对招标文件进行澄清、修改；

（3）向所有获取了招标文件的潜在投标人下发会议纪要。

### 5.2.3　投标预备会注意事项

（1）投标预备会应形成详细的会议纪要，以书面形式发送给所有获取了招标文件的潜在投标人，并属于招标文件的组成部分。

（2）招标人应对潜在投保人的身份信息保密，不得以任何方式泄露投标人的信息。

（3）招标人可以对已发出的招标文件进行必要的澄清或者修改。澄清或者修改的内容可能影响投标文件编制的，招标人应当在投标截止时间至少 15 日前，以书面形式通知所有获取招标文件的潜在投标人；不足 15 日的，招标人应当顺延投标文件的截止时间。

## 任务 5.3　发布招标控制价公告

招标控制价是招标人根据国家以及当地有关规定的计价依据和计价办法、招标文件、市场行情，结合工程项目具体情况编制的招标工程项目的最高投标限价。

### 5.3.1　有关招标控制价的规定

**1. 国有资金投资的工程建设项目应当编制招标控制价**

国有资金中的财政性资金投资的工程在招标时应符合《中华人民共和国政府采购法》相关条款的规定。该法第三十六条列举了属于废标的几种情形，其中第三款规定："投标人的报价均超过了采购预算，采购人不能支付的。"所以，所有国有资金投资的工程，投标人的投标报价不能高于招标控制价，否则，其投标将按废标处理。

**2. 当招标人不设标底时，应编制招标控制价**

《中华人民共和国招标投标法实施条例》第二十七条规定："招标人可以自行决定是否编制标底。招标人设有最高投标限价的，应当在招标文件中明确最高投标限价或者最高投标限价的计算方法。招标人不得规定最低投标限价。"所以，当招标人不设标底时，为有利于客观、合理的评审投标报价和避免哄抬标价，造成国有资产流失，招标人应编制招标控制价。

**3. 招标控制价公告的时限**

招标人可以在招标文件中如实公布招标控制价，也可以在发出招标公告后、开标前单独发布招标控制价公告，各地对公告发布的时间规定不尽相同。

### 5.3.2　招标控制价和标底的区别

**1. 两者的概念**

（1）招标控制价是招标人用于对招标工程发包的最高控制限价，有的地方也称拦标价、预算控制价。

（2）标底是招标人对招标工程的预期价格，并以此为尺度来评判投标者的报价是否合理，是招标人对工程的心理价位。

**2. 两者的主要区别**

（1）招标控制价是最高限价，投标价如超过招标控制价则为废标；标底是心理价位，接近标底的投标报价得分最高，但在报价均高于标底时，最低的投标价仍能中标。

（2）招标控制价是公开的；标底是绝对保密的。

## 5.3.3　招标控制价公告的内容和格式

**1. 招标控制价公告的内容**

主要包括：

（1）招标控制价编制依据；

（2）工程预算；

（3）工程最高投标限价；

（4）其他相关说明。

**2. 招标控制价公告示例**

---

### ×××学校学生宿舍工程（招标备案编号：20××-SG-009）
### 招标控制价（最高投标限价）公告

根据《建设工程工程量清单计价规范》GB 50500—2013和《〈建设工程工程量清单计价规范〉GB 50500—2013广西壮族自治区实施细则》的规定：

本工程预算经×××造价咨询事务有限责任公司审核，工程预算总造价为65140077.59元。其中：预算价47802734.42元，安全防护、文明施工措施费2810953.68元，规费3790725.25元（其中：社会保险费3416248.41元，其他374476.84元），增值税5921825.24元，暂列金额4813839.00元。

经业主调整确认，本工程最高投标限价为45412597.70元。不含安全防护、文明施工措施费2810953.68元，规费3790725.25元（其中：社会保险费3416248.41元，其他374476.84元），增值税5921825.24元，暂列金额4813839.00元。

根据市住建〔2016〕34号文《关于市建成区、临桂新区、灵川县范围内建筑工程新增扬尘防治费用的通知》，另计扬尘防治费，本项目扬尘防治费521120.62元。

投标人的投标报价（不含安全防护、文明施工措施费、规费、增值税、暂列金额、专业工程暂估价）高于本工程最高投标限价为无效投标。安全防护、文明施工措施费、规费、增值税、暂列金额均作为不可竞争费用单列。

现按桂造价〔2011〕6号文规定备案，予以公布，请投标人复核。投标人经复核认为招标人公布的招标控制价（最高投标限价）未按照本细则的规定编制的，应在开标前5天向招标投标监督机构或（和）工程造价管理机构投诉。招标投标监督机构应会同工程造价管理机构对投诉进行处理，发现有错误的，应责成招标人修改。

---

附：主要项目清单综合单价公布。

> 招标人：×××（盖单位法人章）
> 招标代理机构：×××（盖单位法人章）
> 日期：20××年 12 月 11 日

## 任务 5.4　招标文件的澄清和修改

招标文件发出后，如有需要，可以对招标文件进行必要的澄清或修改。

### 5.4.1　有关招标文件澄清和修改的规定

《中华人民共和国招标投标法》第二十三条规定："招标人对已发出的招标文件进行必要的澄清或者修改的，应当在招标文件要求提交投标文件截止时间至少十五日前，以书面形式通知所有招标文件收受人。该澄清或者修改的内容为招标文件的组成部分。"

《房屋建筑和市政基础设施工程施工招标投标管理办法》第十九条规定："招标人对已发出的招标文件进行必要的澄清或者修改的，应当在招标文件要求提交投标文件截止时间至少 15 日前，以书面形式通知所有招标文件收受人，并同时报工程所在地的县级以上地方人民政府建设行政主管部门备案。该澄清或者修改的内容为招标文件的组成部分。"

由此可知，相关法律法规从以下几个方面对招标文件的澄清或修改做了规定：

#### 1. 时间要求

对招标文件进行澄清或修改，应当在招标文件要求提交投标文件截止时间至少 15 日前进行，如距截止时间不足 15 日，则必须顺延提交投标文件截止时间，以给予潜在投标人充足的编制投标文件的时间。

#### 2. 形式要求

澄清或修改文件应当以书面形式发出，不能仅以口头形式通知。

#### 3. 对象要求

澄清或修改文件应当通知所有招标文件收受人，不能只通知部分招标文件收受人，不能只通知提出了质疑要求澄清的人，应当使所有招标文件收受人获得均等的信息，以体现招标活动的公平原则。但不指明澄清问题的来源。

#### 4. 效力规定

澄清或者修改的内容为招标文件的组成部分，与之前发布的其他部分的招标文件具有同等法律效力。

## 5.4.2 招标文件澄清和修改公告的内容和格式

**1. 招标文件澄清和修改公告的内容**

公告可以以文本形式编辑，也可以以表格形式编辑，其主要内容包括：

（1）项目名称及基本信息；

（2）招标人及招标代理机构基本信息；

（3）更正内容；

（4）更正日期；

（5）发布公告的媒介；

（6）其他需要说明的事项。

**2. 招标文件澄清和修改公告示例**

（1）表格式公告

---

**×××学院生态规划与景观设计综合实训室项目公开招标更正公告**

政府采购项目名称：×××学院生态规划与景观设计综合实训室项目

采购项目标书编号：（Z1300001923671021）

| |
|---|
| 采购人名称：×××学院 |
| 采购人地址：秦皇岛市北戴河区××× |
| 采购人联系方式：0335-××××××× |
| 采购代理机构全称：×××有限责任公司 |
| 采购代理机构地址：河北省×××××× |
| 采购代理机构联系方式：<br>开标联系人：杨×× 电话：0311-××××××× 技术支持电话：0311-××××××× |
| 采购内容：详见招标文件 |
| 采购方式：公开招标 |
| 首次公告日期：2020 年 01 月 14 日 14 时 15 分 |
| 项目实施地点：采购人所在地 |
| 更正内容：根据《河北省公共资源交易中心关于暂停已公示项目进场交易和新项目进场的公告》，本项目延期开标，具体开标时间另行通知 |
| 更正日期：2020 年 02 月 10 日 15 时 48 分 |
| 本公告发布媒体：中国政府采购网、河北省公共资源交易中心网站、河北省政府采购网 |
| 备注： |

（2）文本式公告

## 广西×××道路建设项目变更公告

各潜在投标人

**一、项目名称及项目编号**

项目名称：广西×××道路建设项目

项目编号：GXZC2019-G2-27178-ZZGJ

**二、首次公告日期**

2019 年 9 月 30 日

**三、澄清事项、内容**

原招标文件"第八章 投标文件格式"中的："（7）委托代理人、项目经理、技术负责人和主要管理人员近 3 个月（2019 年 1 月至 2019 年 6 月）在现任职单位依法缴纳社会保险的证明材料复印件"现澄清为："（7）委托代理人、项目经理、技术负责人和主要管理人员近 3 个月（2019 年 6 月至 2019 年 8 月）在现任职单位依法缴纳社会保险的证明材料复印件"，与"第二章 投标人须知"中的"投标人须知前附表"的内容同步。

其他事项不变。特此澄清。

**四、发布公告的媒介**

本次招标公告同时在中国政府采购网、中国招标投标公共服务平台、广西壮族自治区招标投标公共服务平台、广西壮族自治区公共资源交易中心、广西壮族自治区政府采购网发布。

**五、联系方式**

招　标　人：×××

地　　　址：广西壮族自治区南宁市×××

联　系　人：张×× 　0771-×××××××

代理机构：×××有限责任公司

地　　　址：广西壮族自治区南宁市×××

联　系　人：王×× 　0771-×××××××

×××有限责任公司

2019 年 10 月 18 日

# 项目6

## 开标

### 教学目标

**1. 知识目标**

（1）熟悉招标人接收投标文件过程中的注意事项及招标人应拒绝接收投标文件的情况；

（2）了解开标会议前应做的准备工作；

（3）了解参加开标会议的单位及人员；

（4）掌握开标会议的程序及开标会议中的注意事项。

**2. 能力目标**

（1）能正确完成接收投标文件的工作；

（2）会填写文件接收表、开标记录表；

（3）能主持召开开标会议。

**3. 思政目标**

（1）强化团队意识，树立集体观念；

（2）强化遵守法律的意识。

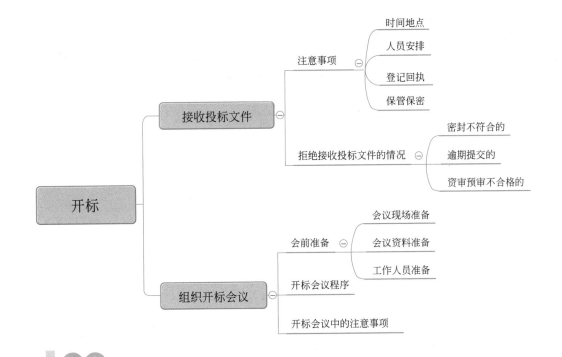

引文

　　开标是招标过程中很重要的一个环节，要掌握细节要求，才能顺利规范地组织完成一次开标活动。

## 任务 6.1　接收投标文件

　　招标人应安排专人，在招标文件指定的时间、地点接收投标人提交的投标文件（包括投标保证金）。

### 6.1.1　接收投标文件过程中的注意事项

#### 1. 时间地点
招标人接收文件的时间和地点必须与招标文件上载明的时间和地点一致。

#### 2. 人员安排
招标人如采用自行招标方式，则需要自行组建专门的招标机构，配备专职招标业务人员。如采用委托招标方式，则需明确与招标代理机构的联络人员；受委托的招标代理机构应建立项目组，配备相关业务人员。

#### 3. 登记回执
提前准备好"投标文件接收登记表"，接收投标文件时，应仔细检查并详细记录投标文件送达人、送达时间、份数、包装密封、标识等查验情况，要检查文件密封、标识等情况，经投标人确认后，出具签收凭证。

**4. 保管保密**

招标人应妥善保管好投标文件、补充修改和撤回通知等投标资料，并做好保密工作。

## 6.1.2 招标人应当拒绝接收投标文件的情况

（1）投标文件密封不符合招标文件要求的，招标人应当拒绝接收；

（2）在投标文件提交截止时间后提交的投标文件，招标人应当拒绝接收；

（3）采用资格预审方法被审定为不合格的投标人的投标文件，招标人应当拒绝接收。

# 任务 6.2 组织开标会议

开标是招标人当众对投标文件进行开启的法定流程，是招标投标活动的一项重要程序。投标截止后，招标人应当在投标截止时间的同一时间和招标文件规定的地点准时组织开标会议。

## 6.2.1 开标会议前的准备工作

6-1
开标现场
图片

**1. 开标会议现场准备**

（1）招标人应该准备好开标必备的现场条件，包括提前布置好开标会议室、准备好开标需要的设备、设施等。

（2）招标人应保证接收的投标文件不丢失、不损坏、不泄密。

**2. 开标会议资料准备**

（1）招标相关文件：招标文件、工程量清单、招标控制价公布及澄清、修改通知等招标前期文件。

（2）开标表格：投标文件接收登记表、开标记录表等。

（3）其他文件：国家相关法律法规等。

6-2
参加开标
会议的
人员

**3. 工作人员准备**

招标人和参与开标会议的有关工作人员应按时到达开标现场，提前分配好各人的工作任务，做好准备工作。

## 6.2.2 开标会议程序

主持人按下列程序组织开标会议：

（1）主持人宣布投标文件递交截止时间到，开标会议开始，并宣读开标纪律。

（2）公布在投标截止时间前提交投标文件的投标人名称，并点名确认投标人是否派人到场。

（3）宣布主持人、招标人代表、开标人、唱标人、记录人、监标人等有关人员姓名。

（4）按照招标文件的规定检查投标文件的密封情况，通常由投标人或其推选的代表检查投标文件的密封情况，也可委托公证机构检查并公证。

（5）按照招标文件的规定宣布投标文件开标顺序。

（6）设有标底的，公布标底；有招标控制价的，应公布招标控制价。

（7）按照宣布的开标顺序当众开标，公布投标人名称、投标保证金的提交情况、投标报价、质量目标、工期及其他内容，并记录在案。

（8）投标人代表、招标人代表、监标人、记录人等有关人员在开标记录上签字确认。

（9）开标会议结束。

## 6.2.3　开标会议中的注意事项

（1）开标应当在招标文件确定的提交投标文件截止时间的同一时间公开进行；开标地点应当为招标文件中预先确定的地点。

6-3
开标中的
注意事项

（2）开标会议由招标人主持，邀请所有投标人参加。

（3）投标人少于 3 个的，不得开标。

（4）投标文件提交截止时间前收到的所有投标文件，开标时，都应当众予以拆封、宣读。在投标文件提交截止时间前撤回投标的，应当宣读其撤回投标的书面通知。

（5）招标人及监督机构代表等不应在开标现场对投标文件是否有效做出判断，应提交评标委员会评定。

（6）投标人对开标有异议的，应当在开标现场提出，招标人应当场作出答复，并制作记录。

# 项目7

# Chapter 07

# 评标和定标

## 教学目标

### 1. 知识目标

（1）熟悉评标的基本流程；

（2）掌握评标定标阶段的主要工作内容；

（3）掌握评标委员会的组成规定；

（4）熟悉评标方法。

### 2. 能力目标

（1）能按规定组建评标委员会；

（2）能协助评标委员会开展评标活动；

（3）会编制中标候选人公示、中标公告和中标通知书。

### 3. 思政目标

（1）强化法制观念；

（2）养成严谨认真的工作态度。

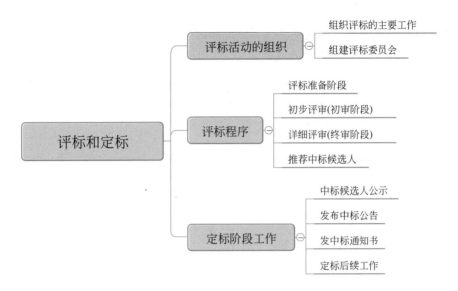

作为招标工作人员，在此阶段，要按规定组建好评标委员会，然后协助评标委员会做好评标工作。

# 任务 7.1　评标活动的组织

为了规范评标活动，保证评标的公平、公正，维护招标投标活动当事人的合法权益，评标活动应遵循公平、公正、科学、择优的原则。评标活动依法进行，任何单位和个人不得非法干预或者影响评标过程和结果。招标人应当采取必要措施，保证评标活动在严格保密的情况下进行。评标活动及其当事人应当接受依法实施的监督。有关行政监督部门依照国务院或者地方政府的职责分工，对评标活动实施监督，依法查处评标活动中的违法行为。

## 7.1.1　组织评标的主要工作

招标人（或代理机构）在评标环节，需要完成以下组织工作：

**1. 确定评标地点和场所**

根据要求安排符合条件的评标地点和场所，如在当地交易中心进行，则按照当地要求提前预约评标室。

**2. 通知相关人员**

通知行政监督部门按时参加开标、评标会议，实施现场监督。

**3. 组建评标委员会**

按照法律法规要求组建评标委员会，抽取评审专家。当地建设工程交易中心负责核查存档经过行业行政主管部门审批的《评审专家抽取申请表》（格式按行业行政主管部门统一要求或由交易中心提供），通常于开标前 2 小时内（如在全省范围内抽取的，开标前 24 小时内进行；如在全国范围内抽取的，开标前 48 小时内进行）由交易中心工作人员登录系统协助招标人随机抽取评审专家。

**4. 资料准备**

准备好评标过程中需要的资料和工具，如招标文件、专家承诺书、技术标准、规范、评标用的各类表格、纸笔等。

**5. 协助工作**

在评标委员会评标过程中，协助做好资料整理、按照评标委员会要求通知投标人答疑、检查评标报告等文件资料是否签字等工作。

**6. 整理工作**

评标委员会评标结束后，做好资料确认、整理归档等工作。

## 7.1.2 组建评标委员会

7-1
评标委员
会的组成

评标活动由招标人依法组建的评标委员会负责，评标委员会的组建是否合法、规范、合理将直接决定了评标工作的成败。

**1. 评标委员会的组成**

《中华人民共和国招标投标法》第三十七条规定："依法必须进行招标的项目，其评标委员会由招标人的代表和有关技术、经济等方面的专家组成，成员人数为五人以上单数，其中技术、经济等方面的专家不得少于成员总数的三分之二。"例如，组建一个 7 人的评标委员会，专家人数至少 5 人，招标人代表最多 2 人。

**2. 评标委员会的组建**

评标委员会由招标人负责组建，评标委员会成员名单一般应于开标前确定，且在中标结果确定前应当保密。

评标委员会的专家成员由招标人从国务院有关部门或者省、自治区、直辖市人民政府有关部门提供的专家名册或者招标代理机构的专家库内的相关专业的专家名单中确定，可以采取随机抽取或者直接确定的方式。一般项目，可以采取随机抽取的方式；技术复杂、专业性强或者国家有特殊要求的招标项目，采取随机抽取方式确定的专家难以保证胜任的，可以由招标人直接确定。

**3. 评标专家资格**

评标专家应符合下列条件：

（1）从事相关专业领域工作满八年并具有高级职称或者同等专业水平；

（2）熟悉有关招标投标的法律法规，并具有与招标项目相关的实践经验；

（3）能够认真、公正、诚实、廉洁地履行职责；

（4）身体健康，能够承担评标工作。

**4. 评标专家的回避原则**

与投标人有利害关系的人员可能影响公正评标，因此，《中华人民共和国招标投标法》规定："与投标人有利害关系的人员不得进入相关项目的评标委员会；已经进入的应当更换。"评标专家有下列情形之一的，应当回避：

（1）投标人或者投标人主要负责人的近亲属；

（2）项目主管部门或者行政监督部门的人员；

（3）与投标人有经济利益关系，可能影响对投标公正评审的；

（4）曾因在招标、评标以及其他与招标有关的活动中从事违法行为而受过行政处罚或刑事处罚的。

评标过程中，评标委员会成员有回避事由不能继续评标的，应当及时更换。被更换的评标委员会成员做出的评审结论无效，由更换后的评标委员会成员重新进行评审。

**5. 评标委员会的责任和注意事项**

（1）在权限范围内履职。评标委员会成员应当按照招标文件规定的评标标准和方法，客观、公正地对投标文件提出评审意见。招标文件没有规定的评标标准和方法不得作为评标的依据。评标委员会无权修改招标文件中已经公布的评标标准和方法。

7-2
评标专家
违规评标
案例

（2）客观公正。评标委员会各成员应当客观、公正地履行职责，遵守职业道德，遵守评标工作程序和纪律。评标委员会成员不得私下接触投标人，不得收受投标人给予的财物或者其他好处，不得向招标人征询确定中标人的意向，不得接受任何单位或者个人明示或者暗示提出的倾向或者排斥特定投标人的要求，不得有其他不客观、不公正履行职务的行为。

（3）法律责任。《中华人民共和国招标投标法实施条例》规定，评标委员会成员有下列行为之一的，由有关行政监督部门责令改正；情节严重的，禁止其在一定期限内参加依法必须进行招标的项目的评标；情节特别严重的，取消其担任评标委员会成员的资格：

1）应当回避而不回避；

2）擅离职守；

3）不按照招标文件规定的评标标准和方法评标；

7-拓1
评标
违法违规
警示案例

4）私下接触投标人；

5）向招标人征询确定中标人的意向或者接受任何单位或者个人明示或者暗示提出的倾向或者排斥特定投标人的要求；

6）对依法应当否决的投标不提出否决意见；

7）暗示或者诱导投标人做出澄清、说明或者接受投标人主动提出的澄清、说明；

8）其他不客观、不公正履行职务的行为。

《中华人民共和国招标投标法实施条例》还规定，评标委员会成员收受投标人的财物或者其他好处的，没收收受的财物，处 3000 元以上 5 万元以下的罚款，取消担任评标委员会成员的资格，不得再参加依法必须进行招标的项目的评标；构成犯罪的，依法追究刑事责任。

## 任务 7.2 评标程序

7-3
评标委员
会和评标
办法暂行
规定

评标委员会成立后，将开展投标文件的评审工作。根据《评标委员会和评标办法暂行规定》，评标包括了评标准备阶段、初步评审、详细评审和推荐中标候选人等主要环节，如图 7-1 所示。

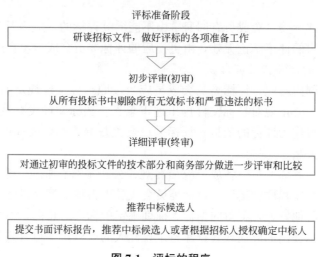

图 7-1　评标的程序

### 7.2.1　评标准备阶段

**1. 评标纪律承诺签字等**

进入评标室后，评标专家与招标工作人员确认本人信息，无误后签字。阅读评标纪律等相关文件并签字承诺。使用电子评标的，登录系统。

**2. 研读招标文件**

评标委员会成员在正式开始评审前要认真研究招标文件，至少应了解和熟悉以下内容：

（1）招标的目标；

（2）招标项目的范围和性质；

（3）招标文件中规定的主要技术要求、标准和商务条款；

（4）招标文件规定的评标标准、评标方法和在评标过程中考虑的相关因素。

**3. 准备评标使用的相关表格**

评审过程中使用的各种表格通常由工作人员准备，评标委员会成员应熟悉表格内容，如发现有误应及时提出。目前，各地普遍使用电子评标系统，纸质表格通常作为草稿使用。

## 7.2.2 初步评审（初审阶段）

在初步评审阶段，评标委员会初审所有标书，从所有投标书中剔除所有无效标书或严重违法的标书。

**1. 法律法规规定的应当否决投标的情形**

根据《中华人民共和国招标投标法实施条例》第五十一条规定："有下列情形之一的，评标委员会应当否决其投标：

（一）投标文件未经投标单位盖章和单位负责人签字；

（二）投标联合体没有提交共同投标协议；

（三）投标人不符合国家或者招标文件规定的资格条件；

（四）同一投标人提交两个以上不同的投标文件或者投标报价，但招标文件要求提交备选投标的除外；

（五）投标报价低于成本或者高于招标文件设定的最高投标限价；

（六）投标文件没有对招标文件的实质性要求和条件做出响应；

（七）投标人有串通投标、弄虚作假、行贿等违法行为。"

**2. 投标偏差的判断**

投标偏差指的是投标文件与招标文件的要求存在差距的现象，分为重大偏差和细微偏差。如有重大偏差，评标委员会将否决其投标；如有细微偏差，则允许澄清和补正。

（1）重大偏差是投标文件未对招标文件做出实质性响应。《评标委员会和评标方法暂行规定》第二十五条列举了重大偏差的具体情况：

（一）没有按照招标文件要求提供投标担保或者所提供的投标担保有瑕疵；

（二）投标文件没有投标人授权代表签字和加盖公章；

（三）投标文件载明的招标项目完成期限超过招标文件规定的期限；

（四）明显不符合技术规格、技术标准的要求；

（五）投标文件载明的货物包装方式、检验标准和方法等不符合招标文件的要求；

（六）投标文件附有招标人不能接受的条件；

（七）不符合招标文件中规定的其他实质性要求。

投标文件有上述情形之一的，为未能对招标文件做出实质性响应，按规定作否决投标处理。招标文件对重大偏差另有规定的，从其规定。

（2）细微偏差是指投标文件在实质上响应招标文件要求，但在个别地方存在漏项或者提供了不完整的技术信息和数据等情况，并且补正这些遗漏或者不完整不会对其他投标人造成不公平的结果。细微偏差不影响投标文件的有效性。

1）细微偏差的补正。评标委员会可以书面方式要求投标人对投标文件中含义不明确、对同类问题表述不一致或者有明显文字和计算错误的内容作必要的澄清、说明或者补正。澄清、说明或者补正应以书面方式进行并不得超出投标文件的范围或者改变投标文件的实质性内容。

2）投标文件中出现不一致时的推定原则。《评标委员会和评标方法暂行规定》第十九条规定了推定原则："投标文件中的大写金额和小写金额不一致的，以大写金额为准；总价金额与单价金额不一致的，以单价金额为准，但单价金额小数点有明显错误的除外；对不同文字文本投标文件的解释发生异议的，以中文文本为准。"

**3. 工程施工招标项目初步评审的内容和标准**

工程施工招标项目初步评审包括了形式评审、资格评审和响应性评审。采用经评审的最低投标价法时，初步评审的内容还包括对施工组织设计和项目管理机构的评审。初步评审的主要内容和标准具体见表 7-1。

工程施工招标项目初步评审内容一览表 表 7-1

| 评审主要内容 | | 评审标准 |
|---|---|---|
| 形式评审 | 投标人名称 | 与营业执照、资质证书、安全生产许可证一致；与资格预审所用名称一致，如不一致应提供资审后更名的证明 |
| | 投标保证金 | 按招标文件的时间和方式要求足额提交 |
| | 签字盖章 | 投标函及招标文件明确要签字盖章的文件应当有投标单位盖章或法定代表人或其授权的代理人的签字或盖章 |
| | 投标文件格式 | 应当符合招标文件的格式要求 |
| | 投标文件内容 | 内容齐全，关键信息字迹清楚 |
| | 报价 | 报价唯一，但招标文件要求提交备选投标的除外 |
| 资格评审 | 营业执照 | 证书有效，且有招标文件要求的对应的营业范围 |
| | 安全生产许可证 | 证书有效 |
| | 资质等级证书 | 证书有效，且符合招标文件要求的类别和等级 |
| | 项目经理 | 有符合招标文件要求的资格条件，相关证明材料有效 |
| | 联合体投标 | 附有联合体共同投标协议 |
| | 其他要求 | 财务状况、业绩等符合招标文件要求 |
| 响应性评审 | 投标报价 | 符合招标文件要求 |
| | 投标内容 | 符合招标文件要求 |
| | 工期 | 符合招标文件要求 |
| | 工程质量 | 符合招标文件要求 |
| | 投标有效期 | 符合招标文件要求 |
| | 权利义务 | 符合招标文件要求 |
| | 已标价工程量清单 | 符合招标文件要求的范围和数量 |
| | 技术标准和要求 | 符合招标文件要求 |

**4. 初步评审结果**

《评标委员会和评标方法暂行规定》第二十七条规定，评标委员会根据规定否决不合格投标或者界定为废标后，因有效投标不足三个使得投标明显缺乏竞争的，评标委员会可以否决全部投标。所以，初步评审结果有两个：

（1）所有投标被否决，本次评标结束。招标人在分析招标失败的原因并采取相应措施后，依法重新招标。

（2）有通过初步评审的投标，进入详细评审。

## 7.2.3　详细评审（终审阶段）

经初步评审合格的投标文件，评标委员会应当根据招标文件确定的评标标准和方法，对其技术部分（技术标）和商务部分（商务标）作进一步评审、比较。通过招标文件中确定的评标方法对初审合格的投标人进行详细评审，由评标委员会对各投标文件分项进行量化比较，从而评定出优劣次序。

评标方法包括经评审的最低投标价法、综合评估法或者法律、行政法规允许的其他评标方法。

### 1. 经评审的最低投标价法

经评审的最低投标价法是以价格为主导考量因素，对投标文件进行评价的一种评标方法。这种方法是把所有的满足或者偏差的技术、经济指标，均按照招标文件事先的规定，统一折算成金额——"评标价格"，取其中"评标价格最低者"为中标者。

（1）方法的适用范围。经评审的最低投标价法一般适用于具有通用技术、性能标准或者招标人对其技术、性能没有特殊要求的招标项目。

根据经评审的最低投标价法，能够满足招标文件的实质性要求，并且经评审的最低投标价的投标，应当推荐为中标候选人。但是投标报价低于成本价的除外。

（2）要考量的价格要素。采用经评审的最低投标价法的，评标委员会应当根据招标文件中规定的评标价格调整方法，以所有投标人的投标报价以及投标文件的商务部分作必要的价格调整。价格要素可能调整的内容包括：投标范围偏差、投标缺漏项（或多项）内容的加价（或减价）、付款条件偏差引起的资金时间价值差异、交货期（工期）偏差给招标人带来的直接损益等。

经过价格要素调整后的价格即为经评审的投标价。

（3）一般小型工程为了简化评标过程，也可以忽略以上价格的评标量化因素，直接采用投标报价进行比较。

---

### 经评审的最低投标价法案例

背景：某工程施工项目采用公开招标方式招标，评标方法为经评审的最低投标价法。共有 A、B、C、D 共 4 个投标人投标，且 4 个投标人均通过了初步评审，评标委员会对其投标报价进行详细评审。

招标文件规定工期为 20 个月，工期每提前 1 个月给招标人带来的预期收益是 20 万元，招标人提供临时用地 500 亩，临时用地每亩用地费为 6000 元，评标价的折算考虑以下两个因素：投标人所报的租用临时用地的数量；提前竣工的效益。

（1）投标人 A：投标报价为 6200 万元，提出需要临时用地 400 亩，承诺的工期为 18 个月；

（2）投标人 B：投标报价为 5800 万元，提出需要临时用地 480 亩，承诺的工期为 21 个月；

（3）投标人 C：投标报价为 5550 万元，提出需要临时用地 500 亩，承诺的工期

---

为 18 个月；

（4）投标人 D：投标报价为 5500 万元，提出需要临时用地 550 亩，承诺的工期为 20 个月；

请你根据经评审的最低投标价法，从中选出中标候选人第一名。

【解析】

（1）临时用地因素调整：

投标人 A：（400－500）×6000＝－600000（元）

投标人 B：（480－500）×6000＝－120000（元）

投标人 C：（500－500）×6000＝0（元）

投标人 D：（550－500）×6000＝300000（元）

（2）提前竣工因素的调整：

投标人 A：（18－20）×200000＝－400000（元）

投标人 B：（21－20）×200000＝200000（元）

投标人 C：（18－20）×200000＝－400000（元）

投标人 D：（20－20）×200000＝0（元）

评标价格对比见表 7-2。

评标价格对比表　　　　　　　　　　　　　　　表 7-2

| 项目 | 投标人 A | 投标人 B | 投标人 C | 投标人 D |
|---|---|---|---|---|
| 投标报价(万元) | 6200 | 5800 | 5550 | 5500 |
| 临时用地导致报价调整(万元) | －60 | －12 | 0 | 30 |
| 提前竣工导致报价调整(万元) | －40 | 20 | －40 | 0 |
| 经评审的投标价(万元) | 6100 | 5768 | 5510 | 5530 |
| 排序 | 4 | 3 | 1 | 2 |

经对比，投标人 C 是经评审的投标价最低，为第一中标候选人。

**2. 综合评估法**

综合评估法是以价格、商务和技术等方面为考量因素，对投标文件进行综合评价的一种评标方法。

（1）方法的适用范围。相对于经评审的最低投标价法，综合评估法考虑了各项投标因素，可以适用于所有招标项目。一般情况下，不宜采用经评审的最低投标价法的项目，特别是除价格外技术、商务因素影响较大的招标项目，都可以采用综合评估法。

根据综合评估法，最大限度地满足招标文件中规定的各项综合评价标准的投标，应当推荐为中标候选人。

（2）量化方法。衡量投标文件是否最大限度地满足招标文件中规定的各项评价标准，可以采取折算为货币的方法、打分的方法或者其他方法。需量化的因素及其权重应当在招标文件中明确规定。

评标委员会对各个评审因素进行量化时，应当将量化指标建立在同一基础或者同一标准上，使各投标文件具有可比性。

对技术部分和商务部分进行量化后，评标委员会应当对这两部分的量化结果进行加权，计算出每一投标的综合评估价或者综合评估分。

根据综合评估法完成评标后，评标委员会应当拟定一份"综合评估比较表"，连同书面评标报告提交招标人。"综合评估比较表"应当载明投标人的投标报价、所做的任何修正、对商务偏差的调整、对技术偏差的调整、对各评审因素的评估以及对每一投标的最终评审结果。

## 综合评估法案例

某工程有 A、B、C、D、E 共 5 家经资格审查合格的施工企业参加投标。评标采用综合评分法。招标文件中规定的评标办法确定的评标指标及评分方法为：

(1) 评价指标包括报价、工期、企业信誉和施工经验四项，权重分别为 50%、30%、10%、10%；各项指标均以 100 分为满分。

(2) 报价以所有投标书中报价最低者为标准（该项满分），在此基础上，其他各家的报价比标准值每上升 1% 扣 5 分；

(3) 工期比定额工期（600 天）提前 15% 为满分，在此基础上每延长 10 天扣掉 3 分。

五家投标单位的投标报价及有关评分见表 7-3。

五家投标单位相关评分数据　　表 7-3

| 评标单位 | 报价(万元) | 工期(天) | 企业信誉得分 | 施工经验得分 |
|---|---|---|---|---|
| A | 4080 | 580 | 95 | 100 |
| B | 4120 | 530 | 100 | 95 |
| C | 4040 | 550 | 95 | 100 |
| D | 4040 | 570 | 95 | 90 |
| E | 4000 | 600 | 90 | 90 |

根据背景资料填写表 7-4，并据此确定中标单位。

5 家投标单位的各项得分及总分　　表 7-4

| 项目 ＼ 投标单位 | A | B | C | D | E | 权重 |
|---|---|---|---|---|---|---|
| 报价得分 | | | | | | |
| 工期得分 | | | | | | |
| 企业信誉得分 | | | | | | |
| 施工经验得分 | | | | | | |
| 总分 | | | | | | |
| 名次 | | | | | | |

【解析】

根据题目给出的已知条件和表 7-3，可以填写出"企业信誉得分""施工经验得分"和"权重"栏。

（1）报价得分

报价以所有投标书中报价最低者为标准（该项满分），则投标人 E 的报价（4000 万元）为最低，得满分 100 分。在此基础上，其他各家的报价比标准值 4000 万元每上升 1‰（即 40 万元）扣 5 分。

1）5 家投标单位的报价会被扣掉的分数

投标人 A：（4080−4000）/40×5＝10（分）

投标人 B：（4120−4000）/40×5＝15（分）

投标人 C：（4040−4000）/40×5＝5（分）

投标人 D：（4040−4000）/40×5＝5（分）

投标人 E：（4000−4000）/40×5＝0（分）

2）5 家投标单位的报价得分

投标人 A：100−10＝90（分）

投标人 B：100−15＝85（分）

投标人 C：100−5＝95（分）

投标人 D：100−5＝95（分）

投标人 E：100−0＝100（分）

（2）工期得分

比定额工期（600 天）提前 15% 为满分，即工期为 510 天可得满分，600×（1−15%）＝510，比 510 天每多 10 天扣掉 3 分。

1）5 家投标单位的工期会被扣掉的分数

投标人 A：（580−510）/10×3＝21（分）

投标人 B：（530−510）/10×3＝6（分）

投标人 C：（550−510）/10×3＝12（分）

投标人 D：（570−510）/10×3＝18（分）

投标人 E：（600−510）/10×3＝27（分）

2）5 家投标单位的工期得分

投标人 A：100−21＝79（分）

投标人 B：100−6＝94（分）

投标人 C：100−12＝88（分）

投标人 D：100−18＝82（分）

投标人 E：100−27＝73（分）

（3）总分

将上述得分填入表中对应位置，可计算出总分：

投标人 A：90×50%＋79×30%＋95×10%＋100×10%＝88.2（分）

投标人 B：$85×50\%+94×30\%+100×10\%+95×10\%=90.2$（分）

投标人 C：$95×50\%+88×30\%+95×10\%+100×10\%=93.4$（分）

投标人 D：$95×50\%+82×30\%+95×10\%+90×10\%=90.6$（分）

投标人 E：$100×50\%+73×30\%+90×10\%+90×10\%=89.9$（分）

5 家投标单位的各项得分和总分及排名详见表 7-5。

5 家投标单位的各项得分及总分　　　　表 7-5

| 项目＼投标单位 | A | B | C | D | E | 权重 |
|---|---|---|---|---|---|---|
| 报价得分 | 90 | 85 | 95 | 95 | 100 | 50% |
| 工期得分 | 79 | 94 | 88 | 82 | 73 | 30% |
| 企业信誉得分 | 95 | 100 | 95 | 95 | 90 | 10% |
| 施工经验得分 | 100 | 95 | 100 | 90 | 90 | 10% |
| 总分 | 88.2 | 90.2 | 93.4 | 90.6 | 89.9 | — |
| 名次 | 5 | 3 | 1 | 2 | 4 | — |

故中标候选人为总分得分最高的投标人 C（93.4 分）。

## 7.2.4　推荐中标候选人

**1. 形成评标报告**

评标委员会完成评标后，应当向招标人提出书面评标报告，并抄送有关行政监督部门。评标报告应当如实记载以下内容：

（1）基本情况和数据表；

（2）评标委员会成员名单；

（3）开标记录；

（4）符合要求的投标一览表；

（5）否决投标的情况说明；

（6）评标标准、评标方法或者评标因素一览表；

（7）经评审的价格或者评分比较一览表；

（8）经评审的投标人排序；

（9）推荐的中标候选人名单与签订合同前要处理的事宜；

（10）澄清、说明、补正事项纪要。

**2. 推荐中标候选人**

评标委员会按照招标文件的规定推荐中标候选人，并标明排列顺序。中标候选人的数量一般不超过 3 人。

**3. 评标报告的签字确认**

评标报告由评标委员会全体成员签字。对评标结论持有异议的评标委员会成员可以书面方式阐述其不同意见和理由。评标委员会成员拒绝在评标报告上签字且不陈述其不同意见和理由的，视为同意评标结论。评标委员会应当对此做出书面说明并记录在案。如图7-2所示。

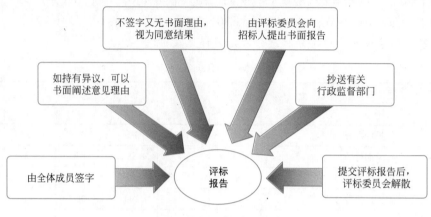

图 7-2　评标报告形成

## 任务7.3　定标阶段工作

评标阶段工作完成后，按照招标程序，进行中标候选人公示。公示无异议后，发布中标公告，并向中标人发送中标通知书。

### 7.3.1　中标候选人公示

**1. 相关法律规定**

《中华人民共和国招标投标法实施条例》第五十四条规定："依法必须进行招标的项目，招标人应当自收到评标报告之日起3日内公示中标候选人，公示期不得少于3日。投标人或者其他利害关系人对依法必须进行招标的项目的评标结果有异议的，应当在中标候选人公示期间提出。招标人应当自收到异议之日起3日内作出答复；作出答复前，应当暂停招标投标活动。"

**2. 公示内容**

公示应当载明以下内容：

（1）中标候选人排序、名称、投标报价、工期（交货期）、质量标准，采用综合评估法的，还应当载明综合评估分（价）和各分项评估分（价）；

（2）中标候选人在投标文件中承诺的主要项目负责人姓名及其相关个人业绩、证书名称和编号；

（3）中标候选人在投标文件中填报的项目业绩；

（4）提出异议的渠道和方式；

（5）招标文件规定公示的其他内容。

**3. 中标候选人公示示例**

---

# ××电影制片有限公司临时用电项目土建工程专业分包中标候选人公示
## （招标编号：/）

公示结束时间：2019 年 09 月 21 日

**一、评标情况**

标段（包）【001】××电影制片有限公司临时用电项目土建工程专业分包：

**1. 中标候选人基本情况**

中标候选人第 1 名：广州 M 建设工程有限公司，投标报价：237.560782 万元，质量：按照招标文件要求，工期/交货期/服务期：按照招标文件要求；

中标候选人第 2 名：广州市 XL 水电装修工程有限公司，投标报价：235.659121 万元，质量：按照招标文件要求，工期/交货期/服务期：按照招标文件要求；

中标候选人第 3 名：广州市 LL 电力工程有限公司，投标报价：239.310427 万元，质量：按照招标文件要求，工期/交货期/服务期：按照招标文件要求。

**2. 中标候选人按照招标文件要求承诺的项目负责人情况**

中标候选人（广州 M 建设工程有限公司）的项目负责人：张×× 粤 244061203 ×××；

中标候选人（广州市 XL 水电装修工程有限公司）的项目负责人：邓×× 粤 244151554×××；

中标候选人（广州市 LL 电力工程有限公司）的项目负责人：黄×× 粤 244151505×××。

**3. 中标候选人响应招标文件要求的资格能力条件**

中标候选人（广州 M 建设工程有限公司）的资格能力条件：符合招标文件要求；

中标候选人（广州市 XL 水电装修工程有限公司）的资格能力条件：符合招标文件要求；

中标候选人（广州市 LL 电力工程有限公司）的资格能力条件：符合招标文件要求。

**二、提出异议的渠道和方式**

异议受理部门（招标人）：广州××用电服务有限公司，联系电话：020-87785×××。

**三、其他**

根据《中华人民共和国招标投标法实施条例》第五十四条规定，投标人或者其他利害关系人对该公示内容有异议的，应当在中标候选人公示期间向招标人提出。招标人应当自收到异议之日起 3 日内作出答复，作出答复前，应当暂停招标投标活动，对招标人答复仍持有异议的，应当在收到答复之日起 10 日内持招标人的答复及投诉书，向招标投标监督部门提出投诉。

四、监督部门

本招标项目的监督部门为广州×××有限公司纪检监察部门。

五、联系方式

招 标 人：广州××用电服务有限公司

地　　址：广东省广州市××区××路1号

联 系 人：曹××

电　　话：15889000×××

电子邮件：×××@126.com

招标代理机构：广州××工程监理有限公司

地　　址：广东省广州市××一路1号

联 系 人：马××、黄××

电　　话：020-87516×××

电子邮件：×××123@126.com、××666@126.com

招标人或其招标代理机构主要负责人（项目负责人）　　　　　（签名）

招标人或其招标代理机构：　　　　　　　　　　　　　　（盖章）

## 7.3.2 发布中标公告

7-4
中标公告
与中标候
选人公示
的区别

**1. 确定中标人的原则**

国有资金占控股或者主导地位的项目，招标人应当确定排名第一的中标候选人为中标人。排名第一的中标候选人放弃中标、因不可抗力提出不能履行合同，或者招标文件规定应当提交履约保证金而在规定的期限内未能提交，或者被查实存在影响中标结果的违法行为等情形，不符合中标条件的，招标人可以按照评标委员会提出的中标候选人名单排序依次确定其他中标候选人为中标人。依次确定其他中标候选人与招标人预期差距较大或者对招标人明显不利的，招标人可以重新招标。招标人可以授权评标委员会直接确定中标人。国务院对中标人的确定另有规定的，从其规定。

若公示期内对公示结果无异议，招标人则根据以上原则确定中标人，编制和发布中标公告。

**2. 中标公告示例**

---

### ××电影制片有限公司临时用电项目土建工程专业分包中标公告
### （招标编号：/）

**一、中标人信息**

标段（包）【001】××电影制片有限公司临时用电项目土建工程专业分包：

中标人：广州 M 建设工程有限公司

中标价格：237.560782 万元

**二、其他**

请中标人尽快领取中标通知书并与招标人办理合同签订的有关事宜，中标通知书领取地点：广东省广州市××一路1号8楼前台。

**三、监督部门**

本招标项目的监督部门为广州×××有限公司纪检监察部门。

**四、联系方式**

招 标 人：广州××用电服务有限公司

地　　　址：广东省广州市××区××路1号

联 系 人：曹××

电　　　话：15889000×××

电子邮件：×××@126.com


招标代理机构：广州××工程监理有限公司

地　　　址：广东省广州市××一路1号

联 系 人：马××、黄××

电　　　话：020-87516×××

电子邮件：×××123@126.com、××666@126.com


招标人或其招标代理机构主要负责人（项目负责人）：　　　　（签名）

招标人或其招标代理机构：　　　　（盖章）

---

## 7.3.3　发中标通知书

**1. 中标通知书的作用**

中标人确定后，招标人应当向中标人发出中标通知书，并同时将中标结果通知所有未中标的投标人。中标通知书是招标人在确定中标人后，向中标人发出的通知其中标的书面凭证。

**2. 中标通知书的内容和格式**

中标通知书的内容应当简明扼要，只要告知中标人招标项目已经由其中标，并确定签订合同的时间、地点即可。

中标通知书主要内容应包括：中标工程名称、中标价格、工程范围、工期、开工及竣工日期、质量等级等。对所有未中标的投标人也应当同时给予通知。投标人提交投标保证金的，招标人还应退还这些投标人的投标保证金。

**3. 中标通知书参考格式**

_____（中标人名称）：

根据_____工程施工招标文件和你单位于_____年_____月_____日提交的投标文件，经评标委员会评审，现确定你单位为上述招标工程的中标人，主要中标条件如下：

| 工程名称 | | 建筑面积 | m² |
|---|---|---|---|
| 建设地点 | | | |
| 中标价格 | | 元　　大写： | 元 |
| 中标工程范围 | | | |
| 中标工期 | 日历天 | 计划开工日期 | 年　月　日 |
| | | 计划竣工日期 | 年　月　日 |
| 质量等级 | | 散装水泥用量 | 吨 |
| 备注 | 本中标通知书_____附件,附件是本中标通知书的组成部分,是对本中标通知书的进一步补充,附件共_____页。 | | |

本中标通知书经××市建设工程招标投标管理机构受理盖章后发出。请在接到本中标通知书后_____天内，到我单位签订工程承包合同。

招标人：（盖章）　　　　　　　　　　　法定代表人：（签字或盖章）

日期：　　年　月　日

**4. 中标结果通知书**

中标结果通知书是招标人向未中标人发出的告知项目最终中标结果的通知书，通知书参考格式如下：

<h3 style="text-align:center;">中标结果通知书</h3>

_____（未中标人名称）：

我方已接受_____（中标人名称）于_____（投标日期）所递交的_____（项目名称）_____标段施工投标文件，确定_____（中标人名称）为中标人。

感谢你单位对我们工作的大力支持！

招标人：（盖章）　　　　　　　　　法定代表人：（签字或盖章）

日期：　　年　月　日

## 7.3.4　定标后续工作

**1. 提交招标投标情况书面报告**

依法必须进行施工招标的工程，招标人应当自确定中标人之日起 15 日内，向工程所在地的县级以上地方人民政府建设行政主管部门提交施工招标投标情况的书面报告。书面报告应当包括下列内容：

（1）施工招标投标的基本情况，包括施工招标范围、施工招标方式、资格审查、开评标过程和确定中标人的方式及理由等。

（2）相关的文件资料，包括招标公告或者投标邀请书、投标报名表、资格预审文件、招标文件、评标委员会的评标报告（设有标底的，应当附标底）、中标人的投标文件。委托工程招标代理的，还应当附上工程施工招标代理委托合同。

**2. 签订合同**

招标人与中标人应当在中标通知书发出之日起 30 日之内，按照招标文件和中标人的投标文件签订书面合同。

**3. 退还投标保证金**

招标人与中标人签订合同后 5 日内，应当向中标人和未中标的投标人退还投标保证金。

7-5
招标投标
教学案例

# 项目8

Chapter 08

# 投标

教学目标

## 1. 知识目标

（1）理解投标人、联合体投标等基本概念；

（2）熟悉投标的程序，掌握投标过程中的关键工作步骤及其时间要求；

（3）了解投标文件的格式和内容；

（4）掌握投标文件的签署、密封、送达等基本要求。

## 2. 能力目标

（1）能按照程序安排投标工作环节；

（2）能编制投标文件中的基础部分；

（3）能按照要求对投标文件进行形式检查和密封。

## 3. 思政目标

（1）树立公平竞争的意识；

（2）培养诚实守信的职业操守。

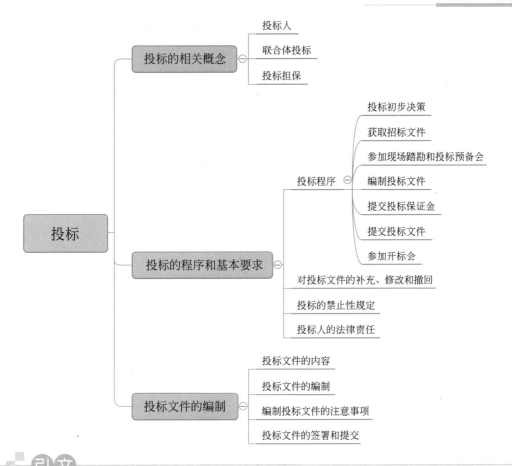

引文

　　在本项目中，我们将作为投标人来参与竞标。大家可以对应着招标程序来一起学习。

# 任务 8.1　投标的相关概念

　　在招标人以招标公告或者投标邀请书的方式发出招标邀请后，具备承担该招标项目能力的法人或者其他组织即可在招标文件指定的提交投标文件的截止时间之前，向招标人提交投标文件，参加投标竞争。

## 8.1.1　投标人

1. 相关概念

　　(1) 投标人。《中华人民共和国招标投标法》规定，投标人是响应招标、参加投标竞争的法人或者其他组织。《房屋建筑和市政基础设施工程施工招标投标管理办法》第二十二条规定："施工招标的投标人是响应施工招标、参与投标竞争的施工企业。"

按照法律规定，投标人必须是法人或者其他组织，不包括自然人。但是，考虑到科研项目的特殊性，法律条文中增加了个人对科研项目投标的规定，个人可以作为投标主体参加科研项目投标活动，这是对科研项目投标的特殊规定。建设工程施工招标活动中的投标人必须是法人或者其他组织。

（2）潜在投标人。所有对招标公告或投标邀请书感兴趣的并有可能参加投标的人，称为潜在投标人。

（3）响应招标。所谓响应招标，是指潜在投标人获得了招标的信息或者投标邀请书以后购买招标文件，接受资格审查，并编制投标文件，按照招标人的要求参加投标的活动。

**2. 投标人应具备的条件**

参加投标活动必须具备一定的条件，不是所有感兴趣的法人或经济组织都可以投标。根据《中华人民共和国招标投标法》第二十六条规定："投标人应当具备承担招标项目的能力；国家有关规定对投标人资格条件或者招标文件对投标人资格有规定的，投标人应当具备规定的资格条件。"

《房屋建筑和市政基础设施工程施工招标投标管理办法》第二十二条规定："投标人应当具备相应的施工企业资质，并在工程业绩、技术能力、项目经理资格条件、财务状况等方面满足招标文件提出的要求。"

## 8.1.2 联合体投标

**1. 联合体投标的概念**

联合体投标指的是两个以上施工企业共同联合，以一个投标人的身份参与投标竞争的投标方式。《中华人民共和国招标投标法》第三十一条规定："两个以上法人或者其他组织可以组成一个联合体，以一个投标人的身份共同投标。"

**2. 联合体投标应具备的条件**

根据《中华人民共和国招标投标法》规定，联合体投标的各方应具备下列条件：

（1）联合体各方均应具备承担招标项目的相应能力。承担招标项目的相应能力是指完成招标项目所需要的技术、资金、设备、管理等方面的能力。

（2）国家有关规定或者招标文件对投标人资格条件有规定的，联合体各方均应具备规定的相应资格条件。

**3. 联合体的资质等级**

联合体各方均应当具备承担招标工程的相应资质条件。由同一专业的单位组成的联合体，按照资质等级较低的单位确定资质等级，按照资质等级低的施工企业的业务许可范围承揽工程。

**4. 联合体内外关系的确定**

共同投标的联合体，其联合体各方的内部关系以及联合体对外部的关系问题，《中华人民共和国招标投标法》第三十一条对此做出了规定。

（1）联合体内部关系：依据共同投标协议约定。联合体各方应当签订共同投标协议，明确约定各方拟承担的工作和责任，并将共同投标协议连同投标文件一并提交招标人。

　　共同投标协议约定了组成联合体各成员单位在联合体中所承担的各自的工作范围，为建设单位判断该成员单位是否具备相应的资格条件提供了依据。共同投标协议也约定了组成联合体各成员单位在联合体中所承担的各自的责任，为将来可能引发的纠纷的解决提供了依据。因此，共同投标协议对于联合体投标这种投标的形式是非常必要的，也正是基于此，《房屋建筑和市政基础设施工程施工招标投标管理办法》第三十四条将没有附有联合体各方共同投标协议的联合体投标确定为无效投标文件。

　　（2）联合体对外关系：承担连带责任。中标的联合体各方应当共同与招标人签订合同，就中标项目向招标人承担连带责任。联合体各方均应参加合同的订立，并在合同上签字盖章。如果联合体中的一个成员单位没能按照合同约定履行义务，招标人可以要求联合体中任何一个成员单位承担不超过总债务的任何比例的债务，而该单位不得拒绝。该成员单位承担了被要求的责任后，有权向其他成员单位追偿其按照共同投标协议不应当承担的债务。

　　5. 联合体各方的责任义务

　　（1）履行共同投标协议中约定的义务。共同投标协议中约定了联合体中各方应该承担的责任，各成员单位必须按照该协议的约定认真履行自己的义务，否则将对对方承担违约责任。同时，共同投标协议中约定的责任承担也是各成员单位最终的责任承担方式。

　　（2）不得重复投标。联合体各方签订共同投标协议后，不得再以自己名义单独投标，也不得组成新的联合体或参加其他联合体在同一项目中投标。

　　（3）不得随意改变联合体的构成。联合体参加资格预审并获通过的，其组成的任何变化都必须在提交投标文件截止之日前征得招标人的同意。如果变化后的联合体削弱了竞争，含有事先未经过资格预审或者资格预审不合格的法人或者其他组织，或者使联合体的资质降到资格预审文件中规定的最低标准以下，招标人有权拒绝。

　　（4）必须有代表联合体的牵头人。联合体各方必须指定牵头人，授权其代表所有联合体成员负责投标和合同实施阶段的主办、协调工作，并应当向招标人提交由所有联合体成员法定代表人签署的授权书。联合体投标的，应当以联合体各方或者联合体中牵头人的名义提交投标保证金。以联合体中牵头人名义提交的投标保证金，对联合体各成员具有约束力。

## 8.1.3　投标担保

　　1. 投标担保的概念

　　投标担保是指在招标投标活动中，投标人按照招标文件的要求向招标人出具的一定形式、一定金额的投标责任担保。其目的是对投标人的投标行为产生约束作用，保证招标投标活动的严肃性，避免招标人因投标人违背诚实信用原则（如随意撤销投标、中标后不能提交履约保证金、中标后不签署合同等行为）而遭受损失。

　　2. 投标担保的方式、额度和有效期

　　《房屋建筑和市政基础设施工程施工招标投标管理办法》第二十六条规定："招标人可以在招标文件中要求投标人提交投标担保。投标担保可以采用投标保函或者投标保证金的方式。投标保证金可以使用支票、银行汇票等，一般不得超过投标总价的2%，最高不得超过 50 万元。

投标人应当按照招标文件要求的方式和金额，将投标保函或者投标保证金随投标文件提交招标人。"

投标保证金有效期应当与投标有效期一致。投标有效期从招标文件规定的投标截止之日起算，一般延续到完成评标和招标人与中标人签订合同的 30～180 天。

投标人未提交投标担保或提交的投标担保不符合招标文件要求的，其投标文件无效。

**3. 投标保证金的退还**

招标人应在与中标人签订合同后 5 个工作日内，向中标人和未中标的投标人退还投标保证金和投标保函。

**4. 不予退还投标保证金的情形**

投标人有下列情况之一的，投标保证金不予返还：

（1）在投标有效期内，投标人撤回其投标文件的；

（2）自中标通知书发出之日起 30 日内，中标人未按该工程的招标文件和中标人的投标文件与招标人签订合同的；

（3）在投标有效期内，中标人未按招标文件的要求向招标人提交履约担保的；

（4）在招标投标活动中被发现有违法违规行为，正在立案查处的。

## 任务 8.2　投标的程序和基本要求

8-1
建设工程
项目招标
投标交易
流程图

作为投标人，要根据投标的程序要求、时间要求等就项目的投标工作做出计划，以便完成整个投标活动。

### 8.2.1　投标程序

在此以公开招标、资格后审方式为主线介绍投标程序及各关键工作步骤。投标工作流程如图 8-1 所示。

**1. 投标初步决策**

根据投标人发布的招标公告，确认是否符合资格审查条件，并根据企业情况，决定是否参加该工程项目的投标。

**2. 获取招标文件**

通过招标人发布的招标公告，查看招标文件的获取方式，一般有现场购买和网上获取两种方式。如果是现场购买招标文件的情形，投标人必须在规定的时间、地点购买招标文件。

**3. 参加现场踏勘和投标预备会**

投标人须知前附表规定组织现场踏勘的，投标人

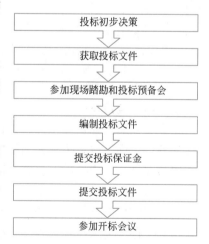

图 8-1　投标工作流程

可以根据自身情况决定是否参加。招标人踏勘现场发生的费用自理，招标人在踏勘现场中介绍的工程场地和相关的周边环境情况，供投标人在编制投标文件时参考，投标人应自行对据此做出的判断和投标决策负责。

投标人须知前附表规定召开投标预备会的，投标人应在投标人须知前附表规定的时间前，以书面形式将提出的问题送达招标人，以便招标人在会议期间澄清。

4. 编制投标文件

根据《中华人民共和国招标投标法》第二十七条的规定"投标人应当按照招标文件的要求编制投标文件。投标文件应对招标文件提出实质性要求和条件作出响应。"所以，编制投标文件应当符合下述两项要求：

（1）按照招标文件的要求编制投标文件。投标人应认真研究、正确理解招标文件的全部内容，并按照招标文件的要求来编制自己的投标文件，方有中标的可能。

（2）对招标文件提出的实质性要求和条件做出响应。这里"实质性要求和条件"是指招标文件中有关招标项目的技术要求、投标报价要求和评标标准、合同的主要条款等，投标人必须严格按招标文件的要求——作答，不得对招标文件进行修改，不得遗漏或回避招标文件中的问题，更不能提出任何附带条件，否则将有可能失去中标机会。

5. 提交投标保证金

投标保证金提交的时间为投标截止时间之前，投标人需按照招标文件要求的方式和金额，将投标保函或者投标保证金随投标文件提交招标人。

6. 提交投标文件

投标人应当在招标文件要求提交投标文件的截止时间前，将投标文件密封送达投标地点。在招标文件要求提交投标文件的截止时间后送达的投标文件，招标人将拒收。

投标文件送达一般分为电子标的交易平台上传和纸质标的送达。通常，纸质标送达包括直接送达、邮寄送达和委托送达 3 种方式，从投标的严肃性和安全性来讲，直接送达更为适宜。

在投标人按照送达要求，将投标文件送达以后，招标人应当签收。签收时应有签收的书面证明，证明上应载明签收时间、地点、具体的签收人、签收的包数和密封状况等，同时直接送达的送达人也应当签字。签收人签收时应检查投标文件是否按招标文件的要求进行密封和加写标志，如果没有按照要求密封和加写标志的，招标人或招标的代理人员应予拒收，或者告知投标人，招标人不承担提前开封的责任，以防给以后的开标、评标带来不必要的争议。履行完签收手续后，应登记、备案，并加以妥善保存，任何人不得在开标前启封。

7. 参加开标会

根据招标文件提供的开标时间和地点，参加开标会。开标应当在招标文件确定的提交投标文件截止时间的同一时间公开进行；开标地点应当为招标文件中预先确定的地点。

## 8.2.2 对投标文件的补充、修改和撤回

《中华人民共和国招标投标法》第二十九条规定："投标人在招标文件要求提交投标的截止时间前，可以补充、修改或者撤回已提交的投标文件，并书面通知招标人。补充、

修改内容为投标文件的组成部分。"

投标的行为属于要约，投标截止时间是投标有效期开始生效的时间，即投标文件产生法律约束力的时间。所以，在此之前，投标文件尚未对双方产生约束力，投标人可以补充、修改或撤回文件；在此之后，投标文件生效，将不允许投标人修改和补充，如撤回文件，投标保证金将会被没收。

**1. 投标人在投标截止时间前，可以修改和补充投标文件**

修改是指对投标文件中已有的内容进行修订；补充是指对投标文件中遗漏和不足的部分进行增补。

在招标过程中，由于投标人对招标文件的理解和认识水平不一，有些投标人对招标文件常常发生误解，或者投标文件对一些重要的内容有遗漏。对此投标人需要修改、补充的，可以在提交投标文件截止日期前，进行修改或者补充。修改或补充的内容为投标文件的组成部分。修改和补充的文件也应当以密封的方式在规定时间以前送达，招标人要严格履行签收登记手续，并存放在安全保密的地方。

在提交投标文件截止时间后，投标人修改或补充投标文件的，招标人将不予接受。

**2. 投标人在投标截止时间前，可以撤回自己提交的投标文件**

撤回是指收回全部投标文件，或者放弃投标，或者以新的投标文件重新投标。在投标的截止日期以前，投标人有权撤回已经提交的投标文件，这反映了契约自由的原则。招标一般被看作要约邀请，而投标则为一种要约，潜在投标人是否做出要约，完全取决于潜在投标人的意愿。所以在投标截止日期之前，允许投标人撤回投标文件，但撤回已经提交的投标文件必须以书面形式通知招标人，以备案待查。投标人既可以在法定时间内，重新编制投标文件，并在规定时间内送达指定地点，也可以放弃投标。

如果在投标截止日期前放弃招标，招标人不得没收其投标保证金；如果在投标截止日期之后撤回投标文件的，投标保证金将会被没收。

## 8.2.3　投标的禁止性规定

《中华人民共和国招标投标法》《中华人民共和国招标投标法实施条例》等对投标做的禁止性规定主要有：

**1. 禁止投标人相互串通投标**

（1）有下列情形之一的，属于投标人相互串通投标：

1）投标人之间协商投标报价等投标文件的实质性内容；

2）投标人之间约定中标人；

3）投标人之间约定部分投标人放弃投标或者中标；

4）属于同一集团、协会、商会等组织成员的投标人按照该组织要求协同投标；

5）投标人之间为谋取中标或者排斥特定投标人而采取的其他联合行动。

（2）有下列情形之一的，视为投标人相互串通投标：

1）不同投标人的投标文件由同一单位或者个人编制；

2）不同投标人委托同一单位或者个人办理投标事宜；

3）不同投标人的投标文件载明的项目管理成员为同一人；

4）不同投标人的投标文件异常一致或者投标报价呈规律性差异；

5）不同投标人的投标文件相互混装；

6）不同投标人的投标保证金从同一单位或者个人的账户转出。

**2. 禁止招标人与投标人串通投标**

有下列情形之一的，属于招标人与投标人串通投标：

（1）招标人在开标前开启投标文件并将有关信息泄露给其他投标人；

（2）招标人直接或者间接向投标人泄露标底、评标委员会成员等信息；

（3）招标人明示或者暗示投标人压低或者抬高投标报价；

（4）招标人授意投标人撤换、修改投标文件；

（5）招标人明示或者暗示投标人为特定投标人中标提供方便；

（6）招标人与投标人为谋求特定投标人中标而采取的其他串通行为。

**3. 禁止投标人以向招标人或者评标委员会成员行贿的手段谋取中标**

**4. 投标人不得以低于成本的报价竞标**

**5. 投标人不得以他人名义投标或者以其他方式弄虚作假，骗取中标**

（1）使用通过受让或者租借等方式获取的资格、资质证书投标的，属于《中华人民共和国招标投标法》第三十三条规定的以他人名义投标。

（2）投标人有下列情形之一的，属于《中华人民共和国招标投标法》第三十三条规定的以其他方式弄虚作假的行为：

1）使用伪造、变造的许可证件；

2）提供虚假的财务状况或者业绩；

3）提供虚假的项目负责人或者主要技术人员简历、劳动关系证明；

4）提供虚假的信用状况；

5）其他弄虚作假的行为。

8-拓1
投标
违法违规
警示案例

## 8.2.4　投标人的法律责任

**1.《中华人民共和国招标投标法》的规定**

（1）《中华人民共和国招标投标法》第五十三条规定："投标人相互串通投标或者与招标人串通投标的，投标人以向招标人或者评标委员会成员行贿的手段谋取中标的，中标无效，处中标项目金额5‰以上10‰以下的罚款，对单位直接负责的主管人员和其他直接责任人员处单位罚款数额5%以上10%以下的罚款；有违法所得的，并处没收违法所得；情节严重的，取消其1年至2年内参加依法必须进行招标项目的投标资格并予以公告，直至由工商行政管理机关吊销营业执照；构成犯罪的，依法追究刑事责任。给他人造成损失的，依法承担赔偿责任。"

（2）《中华人民共和国招标投标法》第五十四条规定："投标人以他人名义投标或者以其他方式弄虚作假，骗取中标的，中标无效，给招标人造成损失的，依法承担赔偿责任；构成犯罪的，依法追究刑事责任。

依法必须进行招标的项目的投标人有以上行为尚未构成犯罪的，处中标项目金额5‰以上10‰以下的罚款，对单位直接负责的主管人员和其他直接责任人员处单位罚款数额

5%以上10%以下的罚款；有违法所得的，并处没收违法所得，情节严重的，取消其1年至3年内参加依法必须进行招标的项目的投标资格并予以公告，直至由工商行政管理机关吊销营业执照。"

2. 《中华人民共和国招标投标法实施条例》的规定

（1）《中华人民共和国招标投标法实施条例》第六十七条规定："投标人相互串通投标或者与招标人串通投标的，投标人向招标人或者评标委员会成员行贿谋取中标的，中标无效；构成犯罪的，依法追究刑事责任；尚不构成犯罪的，依照《中华人民共和国招标投标法》第五十三条的规定处罚。投标人未中标的，对单位的罚款金额按照招标项目合同金额依照招标投标法规定的比例计算。

投标人有下列行为之一的，属于《中华人民共和国招标投标法》第五十三条规定的情节严重行为，由有关行政监督部门取消其1年至2年内参加依法必须进行招标的项目的投标资格：①以行贿谋取中标；②3年内2次以上串通投标；③串通投标行为损害招标人、其他投标人或者国家、集体、公民的合法利益，造成直接经济损失30万元以上；④其他串通投标情节严重的行为。

投标人自本条第二款规定的处罚执行期限届满之日起3年内又有该款所列违法行为之一的，或者串通投标、以行贿谋取中标情节特别严重的，由工商行政管理机关吊销营业执照。

法律、行政法规对串通投标报价行为的处罚另有规定的，从其规定。"

（2）《中华人民共和国招标投标法实施条例》第六十八条规定："投标人以他人名义投标或者以其他方式弄虚作假骗取中标的，中标无效；构成犯罪的，依法追究刑事责任；尚不构成犯罪的，依照《中华人民共和国招标投标法》第五十四条的规定处罚。依法必须进行招标的项目的投标人未中标的，对单位的罚款金额按照招标项目合同金额依照招标投标法规定的比例计算。

投标人有下列行为之一的，属于《中华人民共和国招标投标法》第五十四条规定的情节严重行为，由有关行政监督部门取消其1年至3年内参加依法必须进行招标的项目的投标资格：①伪造、变造资格、资质证书或者其他许可证件骗取中标；②3年内2次以上使用他人名义投标；③弄虚作假骗取中标给招标人造成直接经济损失30万元以上；④其他弄虚作假骗取中标情节严重的行为。

投标人自本条第二款规定的处罚执行期限届满之日起3年内又有该款所列违法行为之一的，或者弄虚作假骗取中标情节特别严重的，由工商行政管理机关吊销营业执照。"

（3）《中华人民共和国招标投标法实施条例》第六十九条规定："出让或者出租资格、资质证书供他人投标的，依照法律、行政法规的规定给予行政处罚；构成犯罪的，依法追究刑事责任。"

## 任务 8.3 投标文件的编制

投标文件是投标人向招标人发出的要约，投标人应根据招标文件的要求，编制投标文件。

## 8.3.1　投标文件的内容

1. 投标文件的内容和格式在招标文件中有规定，编制时应按照招标文件提供的模板和相关要求进行编制。

2.《中华人民共和国标准施工招标文件》中投标文件的内容

根据《中华人民共和国标准施工招标文件》，投标文件应包括下列内容：

（1）投标函及投标函附录；

（2）法定代表人身份证明或附有法定代表人身份证明的授权委托书；

（3）联合体协议书（如有）；

（4）投标保证金；

（5）已标价工程量清单；

（6）施工组织设计；

（7）项目管理机构；

（8）拟分包项目情况表；

（9）资格审查资料；

（10）投标人须知前附表规定的其他材料。

## 8.3.2　投标文件的编制

投标文件应当按照招标文件规定的格式和内容进行编写，必要时可以增加附页。本小节就投标文件部分内容的编制要求说明如下：

1. 投标函

投标函位于投标文件的首要部位，是投标人对招标文件的条件和要求做出响应的表示，包括了报价、工期、质量目标等要约主要内容。

投标人提交的投标函内容、格式应严格按照招标文件提供的统一格式编写，不得随意更改。

《中华人民共和国标准施工招标文件》中的投标函格式如下：

### 投标函

_____（招标人名称）：

1. 我方已仔细研究了_____（项目名称）_____标段施工招标文件的全部内容，愿意以人民币（大写）_____元（￥_____）的投标总报价，工期_____日历天，按合同约定实施和完成承包工程，修补工程中的任何缺陷，工程质量达到_____。

2. 我方承诺在投标有效期内不修改、撤销投标文件。

3. 随同本投标函提交投标保证金一份，金额为人民币（大写）_____元（¥_____）。

4. 如我方中标：

(1) 我方承诺在收到中标通知书后，在中标通知书规定的期限内与你方签订合同。

(2) 随同本投标函递交的投标函附录属于合同文件的组成部分。

(3) 我方承诺按照招标文件规定向你方递交履约担保。

(4) 我方承诺在合同约定的期限内完成并移交全部合同工程。

5. 我方在此声明，所递交的投标文件及有关资料内容完整、真实和准确，且不存在第二章"投标人须知"第1.4.3项规定的任何一种情形。

6. _____（其他补充说明）。

投 标 人：_____（盖单位章）

法定代表人或其委托代理人：_____（签字）

地　　址：_____

网　　址：_____

电　　话：_____

传　　真：_____

邮 政 编 码：_____

_____年_____月_____日

### 2. 投标函附录

投标函附录附于投标函之后，是对投标文件中的关键性和实质性内容进行的说明或强调，包括缺陷责任期、承包人履约担保金额、逾期竣工违约金等内容。投标人应根据自身情况及投标价格认真填写投标函附录，《中华人民共和国标准施工招标文件》中投标函附录的格式如下：

投标函附录

| 序号 | 条款名称 | 合同条款号 | 约定内容 | 备注 |
|---|---|---|---|---|
| 1 | 项目经理 | 1.1.2.4 | 姓名：_____ | |
| 2 | 工期 | 1.1.4.3 | 天数：_____日历天 | |
| 3 | 缺陷责任期 | 1.1.4.5 | | |
| 4 | 分包 | 4.3.4 | | |
| 5 | 价格调整的差额计算 | 16.1.1 | 见价格指数权重表 | |
| …… | …… | …… | …… | |

注："投标函附录"中的"合同条款号"为所摘录条款名称在招标文件中的条款号；"约定内容"是投标人投标时填写的承诺内容。

**3. 法定代表人身份证明或附有法定代表人身份证明的授权委托书**

这是证明投标文件有效性和真实性的重要文件，务必要真实准确填写，并按要求签字盖章。

## 法定代表人身份证明

投标人名称：＿＿＿＿＿＿＿＿＿＿＿＿＿＿＿

单位性质：＿＿＿＿＿＿＿＿＿＿＿＿＿＿

地址：＿＿＿＿＿＿＿＿＿＿＿＿＿＿

成立时间：＿＿＿＿＿＿年＿＿＿＿＿＿月＿＿＿＿＿日

经营期限：＿＿＿＿＿＿＿＿＿＿＿＿＿＿

姓名：＿＿＿＿＿＿ 性别：＿＿＿＿＿ 年龄：＿＿＿＿＿ 职务：＿＿＿＿＿

系＿＿＿＿＿＿＿＿＿＿＿＿（投标人名称）的法定代表人。

特此证明。

投标人：＿＿＿＿＿＿＿＿（盖单位章）

＿＿＿＿＿＿年＿＿＿月＿＿＿日

## 授权委托书

本人＿＿＿＿＿＿（姓名）系＿＿＿＿＿＿（投标人名称）的法定代表人，现委托＿＿＿＿＿＿（姓名）为我方代理人。代理人根据授权，以我方名义签署、澄清、说明、补正、递交、撤回、修改＿＿＿＿＿＿＿＿（项目名称）＿＿＿＿＿＿＿＿标段施工投标文件、签订合同和处理有关事宜，其法律后果由我方承担。

委托期限：＿＿＿＿＿＿＿＿。

代理人无转委托权。

附：法定代表人身份证明。

投　标　人：＿＿＿＿＿＿＿＿＿＿＿＿＿（盖单位章）

法定代表人：＿＿＿＿＿＿＿＿＿＿＿＿＿（签字）

身份证号码：＿＿＿＿＿＿＿＿＿＿＿＿＿

委托代理人：＿＿＿＿＿＿＿＿＿＿＿＿＿（签字）

身份证号码：＿＿＿＿＿＿＿＿＿＿＿＿＿

＿＿＿＿＿＿年＿＿＿月＿＿＿日

**4. 已标价工程量清单**

投标人根据招标人提供的工程量清单，进行投标报价编制。投标报价是投标人能否竞标成功、将来实施项目能否盈利的决定性因素，投标报价文件是投标文件的核心内容。投标价如何计算等问题在工程计量计价等相关课程中学习，本书不予要求，仅就编制过程中的注意事项说明如下：

（1）"工程量清单"要与投标文件中的"投标人须知""通用合同条款""专用合同条款""技术标准与要求""图纸"等内容相对应衔接。

（2）计量计价规则应符合招标文件规定，并符合有关国家和行业标准规定。

**5. 施工组织设计**

（1）投标人编制施工组织设计的要求：编制时应采用文字并结合图表形式说明施工方法；拟投入本标段的主要施工设备情况、拟配备本标段的试验和检测仪器设备情况、劳动力计划等；结合工程特点提出切实可行的工程质量、安全生产、文明施工、工程进度、技术组织措施，同时应对关键工序、复杂环节重点提出相应技术措施，如冬雨期施工技术、减少噪声、降低环境污染、地下管线及其他地上地下设施的保护加固措施等。

（2）施工组织设计除采用文字表述外可附图表，《中华人民共和国标准施工招标文件》中附有以下图表及格式要求：拟投入本标段的主要施工设备表、拟配备本标段的试验和检测仪器设备表、劳动力计划表、计划开竣工日期和施工进度网络图、施工总平面图、临时用地表等。

**6. 资格审查资料**

（1）已进行资格预审的，投标人在编制投标文件时，应按新情况更新或补充其在申请资格预审时提供的资料，以证实其各项资格条件仍能继续满足资格预审文件的要求，具备承担本标段施工的资质条件、能力和信誉。

8-2
《建筑业企业资质标准》

（2）未进行资格预审的，应当按照招标文件要求提供相应的资格审查资料。资格文件通常由以下表格组成：

1）"投标人基本情况表"。应附投标人营业执照副本及其年检合格的证明材料、资质证书副本和安全生产许可证等材料的复印件。

8-3
关于简化建筑业企业资质标准部分指标的通知

2）"近年财务状况表"。应附经会计师事务所或审计机构审计的财务会计报表，包括资产负债表、现金流量表、利润表和财务情况说明书的复印件，具体年份要求见投标人须知前附表。

3）"近年完成的类似项目情况表"。应附中标通知书和（或）合同协议书、工程接收证书（工程竣工验收证书）的复印件，具体年份要求见投标人须知前附表。每张表格只填写一个项目，并标明序号。

4）"正在施工和新承接的项目情况表"。应附中标通知书和（或）合同协议书复印件。每张表格只填写一个项目，并标明序号。

5）"近年发生的诉讼及仲裁情况"。应说明相关情况，并附法院或仲裁机构做出的判决、裁决等有关法律文书复印件，具体年份要求见投标人须知前附表。

6）投标人须知前附表规定接受联合体投标的，前述1）～5）规定的表格和资料应包括联合体各方相关情况。

（3）《中华人民共和国标准施工招标文件》中要求的资格审查资料的内容和格式见技能训练任务 8.3。

### 8.3.3　编制投标文件的注意事项

**1. 格式和内容要符合要求**

投标文件应按招标文件中的"投标文件格式"进行编写，如有必要，可以增加附页，作为投标文件的组成部分。其中，投标函附录在满足招标文件实质性要求的基础上，可以提出比招标文件要求更有利于招标人的承诺。

**2. 要对实质性内容做出响应**

投标文件应当对招标文件有关工期、投标有效期、质量要求、技术标准和要求、招标范围等实质性内容做出响应。

**3. 书写和签署要符合要求**

投标文件应用不褪色的材料书写或打印，并由投标人的法定代表人或其委托代理人签字或盖单位章。委托代理人签字的，投标文件应附法定代表人签署的授权委托书。投标文件应尽量避免涂改、行间插字或删除。如果出现上述情况，改动之处应加盖单位章或由投标人的法定代表人或其授权的代理人签字确认。签字或盖章的具体要求见投标人须知前附表。

**4. 文件份数要符合要求**

投标文件正本一份，副本份数见投标人须知前附表。正本和副本的封面上应清楚地标记"正本"或"副本"的字样。当副本和正本不一致时，以正本为准。

**5. 文件装订要符合要求**

投标文件的正本与副本应分别装订成册，并编制目录，具体装订要求见投标人须知前附表规定。

### 8.3.4　投标文件的签署和提交

**1. 投标文件的签署**

投标文件应当按照招标文件的要求签字盖章，否则在评标过程中将会被否决。签字应当由法定代表人或其委托代理人签署姓名，所盖公章名称应当与投标人名称相一致。组成联合体投标的由联合体的牵头人签字盖章。

**2. 投标文件的装订和密封**

投标文件应按要求装订成册，编制好目录，封面注明"正本"和"副本"。正本和副本都不得采用活页夹，通常使用热胶装订，以免文件部分丢失。

正本和副本数量应符合招标文件要求，分开包装，封套上应清楚地标记"正本"或"副本"字样，加贴封条，并在封套的封口处加盖投标人单位章。封套上应写明的其他内容按招标文件要求填写。

有些项目对外层封套的标识有特殊要求，如规定外层封套不能有任何标识。装封时务必注意按照要求进行。

除细微偏差外，未按要求密封和标记的文件，招标人将拒绝接收。

3. 投标文件的提交

投标人应当在招标文件要求提交投标文件的截止时间前，将投标文件送达招标文件规定的地点。逾期送达的，招标人将拒绝接收。

项目 **9**

# Chapter 09

# 合同法律基础

 教学目标

## 1. 知识目标

（1）了解合同相关的法律法规；

（2）理解合同、合同的订立、合同的效力、违约责任等基本概念；

（3）掌握合同效力的类型、违约责任的承担方式。

## 2. 能力目标

能分析合同的效力类型。

## 3. 思政目标

（1）树立自由、平等、守信的契约精神；

（2）强化法制观念。

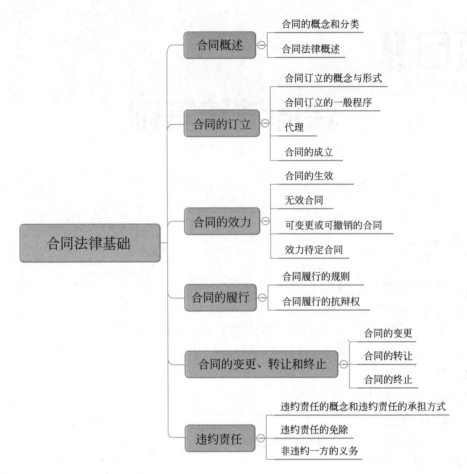

发包人发布招标公告，在合同订立过程中属于"要约邀请"；投标人递交投标文件、参与竞标，属于"要约"；招标人向中标人发放中标通知书，则属于"承诺"。经过了"要约"和"承诺"，合同就成立了。

# 任务 9.1　合同概述

## 9.1.1　合同的概念和分类

### 1. 合同的概念

人们在生活中常常提到的"合同"是什么呢？合同，从字面上讲，是结合而同意的意思，一般也称为"契约"或者"协议"。根据《中华人民共和国民法典》规定，合同是民事主体之间设立、变更、终止民事法律关系的协议。

合同制度在我国适用范围很广，常见的有：买卖、供销、农副产品收购、信贷、借贷、租赁、借用、承揽、运输、建设工程施工、信托、保险等。依法签订的合同，具有法律效力，双方都必须遵守。如果一方不履行合同规定的义务，则需要承担相应的法律责任。

**2. 合同的分类**

按照不同的标准可以对合同做出不同的分类，见表 9-1。

合同的分类　　　　　　　　　　　　　　　　　　　　　　　表 9-1

| 序号 | 分类标准 | 分类名称 |
|---|---|---|
| 1 | 以法律是否对其名称做出规定为标准 | 有名合同（典型合同） |
| | | 无名合同（非典型合同） |
| 2 | 按照除双方意思表示一致以外,是否需要交付标的物才能成立为标准 | 诺成合同 |
| | | 实践合同 |
| 3 | 根据合同的成立是否需要按照特别的形式和程式为标准 | 要式合同 |
| | | 不要式合同 |
| 4 | 按照双方是否相互设定义务为标准 | 单务合同 |
| | | 双务合同 |
| 5 | 按照一方当事人享有权利是否支付代价为标准 | 有偿合同 |
| | | 无偿合同 |

## 9.1.2　合同法律概述

**1. 合同相关法律**

为了保护合同当事人的合法权益，维护社会经济秩序，促进社会主义现代化建设，我国于 1999 年 3 月 15 日第九届全国人民代表大会第二次会议通过颁布《中华人民共和国合同法》，于 1999 年 10 月 1 日起施行。

2020 年 5 月 28 日，十三届全国人民代表大会三次会议表决通过了《中华人民共和国民法典》，这是我国第一部以法典命名的法律，共 7 编、1260 条，"合同"成为该法典中的一编。《中华人民共和国民法典》自 2021 年 1 月 1 日起施行，《中华人民共和国合同法》同时废止。民法典合同编采取通则、典型合同、准合同的体例设置，总共 29 章。

**2. 民事活动基本原则**

《中华人民共和国民法典》明确，民事主体从事合同等民事活动应遵循以下基本原则：

（1）平等原则。民事主体在民事活动中的法律地位一律平等。

（2）自愿原则。民事主体从事民事活动，应当遵循自愿原则，按照自己的意思设立、变更、终止民事法律关系。

（3）公平原则。民事主体从事民事活动，应当遵循公平原则，合理确定各方的权利和义务。

（4）诚信原则。民事主体从事民事活动，应当遵循诚信原则，秉持诚实，恪守承诺。

（5）守法与公序良俗原则。民事主体从事民事活动，不得违反法律，不得违背公序良俗。

（6）绿色原则。民事主体从事民事活动，应当有利于节约资源、保护生态环境。

# 任务 9.2 合同的订立

## 9.2.1 合同订立的概念与形式

9-1 合同的订立

**1. 概念**

合同的订立是指两个或两个以上的当事人，依法就合同的主要条款经过协商一致达成协议的法律行为。

**2. 合同的形式**

《中华人民共和国民法典》规定，当事人订立合同可以采用书面形式、口头形式或者其他形式。

书面形式是合同书、信件、电报、电传、传真等可以有形地表现所载内容的形式。以电子数据交换、电子邮件等方式能够有形地表现所载内容，并可以随时调取查用的数据电文，视为书面形式。法律、行政法规规定采用书面形式的，或当事人约定采用书面形式的，应当采用书面形式。

## 9.2.2 合同订立的一般程序

9-拓1 要约和要约邀请的区别

**1. 要约**

（1）要约是一方当事人以缔结合同为目的，向对方当事人提出合同条件，希望对方当事人接受的意思表示。发出要约的当事人称要约人，要约指向的当事人称受要约人。要约是合同成立的必经程序。投标文件就是要约。

（2）要约邀请是希望他人向自己发出要约的意思表示。要约邀请的目的不是订立合同。例如寄送的价目表、拍卖公告、招标公告、招股说明书、商业广告等为要约邀请。发布招标公告的性质为要约邀请，使相对人能够据此提出要约。

## 2. 承诺

承诺是受要约人同意要约的意思表示。承诺是合同订立的最后一步，一经承诺，要约人即受到要约中建议的合同的约束，承诺必须建立在要约内容的基础上。招标人的定标如果是对投标的完全接受，则构成承诺。中标通知书是承诺。

### 9.2.3　代理

代理是指代理人在代理权限内，以被代理人的名义，在其授权范围内向第三人做出意思表示，所产生的权利和义务直接由被代理人享有和承担的法律行为。

代理涉及三方当事人，分别是被代理人、代理人和代理关系的第三人。

代理包括委托代理和法定代理：

（1）委托代理是指代理人根据被代理人授权而进行的代理。

（2）法定代理是指根据法律的直接规定而产生的代理，属于全权代理。

### 9.2.4　合同的成立

合同的成立是指当事人对合同的主要内容意思表示达成一致，完成了要约和承诺两个阶段。

#### 1. 合同成立的时间

合同成立的时间是确定合同当事人何时起受合同的约束，所以在实践中意义重大。合同订立的方式决定了合同成立的时间。

（1）当事人采用合同书形式订立合同的，自当事人均签名、盖章或者按指印时合同成立。在签名、盖章或者按指印之前，当事人一方已经履行主要义务，对方接受时，该合同成立。

法律、行政法规规定或者当事人约定合同应当采用书面形式订立，当事人未采用书面形式但是一方已经履行主要义务，对方接受时，该合同成立。

（2）当事人采用信件、数据电文等形式订立合同要求签订确认书的，签订确认书时合同成立。

当事人一方通过互联网等信息网络发布的商品或者服务信息符合要约条件的，对方选择该商品或者服务并提交订单成功时合同成立，但是当事人另有约定的除外。

#### 2. 合同成立的地点

合同成立的地点可能成为确定法院管辖的依据，因此具有重要意义。合同成立的地点一般为承诺生效的地点，具体须遵守如下规则：

（1）当事人采用合同书形式订立合同的，最后签名、盖章或者按手印的地点为合同成立的地点，但是当事人另有约定的除外。

（2）采用数据电文形式订立合同的，收件人的主营业地为合同成立的地点；没有主营业地的，其住所地为合同成立的地点。当事人另有约定的，按照其约定。

## 任务 **9.3** 合同的效力

### 9.3.1 合同的生效

9-2
合同的
效力

合同的生效是指合同符合法定生效要件，发生了当事人预期的法律后果。

**1. 合同生效的条件**

一项合同要受到法律保护，并能按照当事人的意思表示发生相应的法律后果，必须具备以下条件：

（1）当事人须有缔约能力。当事人缔约能力是指当事人应具备相应的民事权利能力和民事行为能力。民事权利能力是指法律赋予民事主体享有民事权利和承担民事义务的资格；民事行为能力是指民事主体独立实施民事法律行为的资格。我国法律规定我国公民从出生始到死亡止都享有民事权利能力；法人和其他组织从成立始至终止在其法定经营范围内享有权利能力。法人和其他组织的民事行为能力的享有与其民事权利能力相同；公民的民事行为能力则分为完全行为能力、限制行为能力和无行为能力三种（表 9-2）。完全民事行为能力人能订立合同；限制民事行为能力人可以订立与其年龄、智力和精神健康状况相适应的合同；无民事行为能力人原则上不能独立订立合同。不具有相应的行为能力的人所订立的合同，未经其法定代理人追认的，自始无效。但限制行为能力人、无行为能力人可独立实施纯获利益的民事行为。

自然人民事主体的范围和行为能力

表 9-2

| 类型 | 范围 | 行为能力 |
|---|---|---|
| 完全民事行为能力人 | 年满 18 周岁的成年人；16 周岁以上、以自己的劳动收入为主要生活来源的未成年人 | 可以独立实施民事法律行为 |
| 限制民事行为能力人 | 8 周岁以上的未成年人；不能完全辨认自己行为的成年人 | 实施民事法律行为由其法定代理人代理或者经其法定代理人同意、追认，但是可以独立实施纯获利益的民事法律行为或者与其年龄、智力相适应的民事法律行为 |
| 无民事行为能力人 | 不满 8 周岁的未成年人；不能辨认自己行为的成年人 | 由其法定代理人代理实施民事法律行为 |

（2）意思表示真实。意思表示真实是指表意人的内在意思和外在表现一致，即不存在认识错误、欺诈、胁迫等外在因素而使得表示意思和效果意思不一致。

（3）不违反法律、行政法规的强制性规定，不违背公序良俗。

（4）合同的形式合法。对于合同的形式，法律规定用特定形式的，应当依照法律规定。

**2. 合同生效的时间**

合同生效与合同成立是两个不同的概念。合同成立是合同订立过程的完成，是当事人合议的结果，较多地体现了当事人的意志；而合同生效是法律认可合同效力，强调合同内容合法性，体现了国家意志。合同成立是合同生效的前提条件。

依法成立的合同，自成立时生效，但是法律另有规定或者当事人另有约定的除外。法律、行政法规规定应当办理批准等手续的，依照其规定。

## 9.3.2　无效合同

无效合同是指虽经当事人协商订立，但因其不具备合同生效条件，不能产生法律约束力的合同。

原《中华人民共和国合同法》第五十二条列举了合同无效的五种情形，《中华人民共和国民法典》实施后，《中华人民共和国合同法》失效，其列举的合同无效的情形不再适用。《中华人民共和国民法典》合同编没有以列举的方式列出合同无效的法定情形，而是通过合同编第五百零八条规定："本编对合同的效力没有规定的，适用本法第一编第六章的有关规定。"

**1. 合同无效的情形**

根据《中华人民共和国民法典》第一编"总则"第六章"民事法律行为"的规定，合同无效有以下几种情形：

（1）无民事行为能力人签订的合同；

（2）合同双方以虚假的意思签订的合同；

（3）违反法律、法规强制性规定的合同；

（4）违背公序良俗的合同；

（5）恶意串通，损害他人合法权益的合同。

**2. 免责条款无效的情形**

《中华人民共和国民法典》第五百零六条规定："合同中的下列免责条款无效：

（1）造成对方人身损害的；

（2）因故意或者重大过失造成对方财产损失的。"

**3. 格式条款无效的情形**

《中华人民共和国民法典》第四百九十七条规定："有下列情形之一的，该格式条款无效：

（1）具有本法第一编第六章第三节和本法第五百零六条规定的无效情形；

（2）提供格式条款一方不合理地免除或者减轻其责任、加重对方责任、限制对方主要权利；

（3）提供格式条款一方排除对方主要权利。"

**4. 合同无效的法律后果**

（1）无效合同自始没有法律约束力。

（2）返还财产或折价补偿。行为人因无效的合同取得的财产，应当予以返还；不能返还或者没有必要返还的，应当折价补偿。

（3）赔偿损失。有过错的一方应当赔偿对方由此所受到的损失；各方都有过错的，应当各自承担相应的责任。

### 9.3.3　可撤销的合同

可撤销合同是指因意思表示不真实，可通过撤销权人行使撤销权而撤销其法律效力的合同。

**1. 可撤销的合同种类**

《中华人民共和国民法典》规定的可撤销的事由有：

（1）重大误解。《中华人民共和国民法典》第一百四十七条规定："基于重大误解实施的民事法律行为，行为人有权请求人民法院或者仲裁机构予以撤销。"

（2）欺诈。《中华人民共和国民法典》第一百四十八条规定："一方以欺诈手段，使对方在违背真实意思的情况下实施的民事法律行为，受欺诈方有权请求人民法院或者仲裁机构予以撤销。"

《中华人民共和国民法典》第一百四十九条规定："第三人实施欺诈行为，使一方在违背真实意思的情况下实施的民事法律行为，对方知道或者应当知道该欺诈行为的，受欺诈方有权请求人民法院或者仲裁机构予以撤销。"

（3）胁迫。《中华人民共和国民法典》第一百五十条规定："一方或者第三人以胁迫手段，使对方在违背真实意思的情况下实施的民事法律行为，受胁迫方有权请求人民法院或者仲裁机构予以撤销。"

（4）自始显失公平。《中华人民共和国民法典》第一百五十一条规定："一方利用对方处于危困状态、缺乏判断能力等情形，致使民事法律行为成立时显失公平的，受损害方有权请求人民法院或者仲裁机构予以撤销。"

**2. 撤销权的行使**

对于可被撤销的合同，当事人应通过诉讼或仲裁的方式，请求人民法院或仲裁机构予以撤销。

合同被撤销后，自始没有法律约束力。合同被撤销后处理方法同无效合同，同样不影响合同中独立存在的有关解决争议方法的条款的效力。

**3. 撤销权的消灭**

（1）当事人自知道或者应当知道撤销事由之日起一年内、重大误解的当事人自知道或者应当知道撤销事由之日起九十日内没有行使撤销权；

（2）当事人受胁迫，自胁迫行为终止之日起一年内没有行使撤销权；

（3）当事人知道撤销事由后明确表示或者以自己的行为表明放弃撤销权。

当事人自民事法律行为发生之日起五年内没有行使撤销权的，撤销权消灭。

### 9.3.4　效力待定合同

效力待定合同，是指已成立的合同因欠缺一定的生效要件，其生效与否尚未确定，须经过补正方可生效，在一定的期限内不予补正则视为无效的合同。

**1. 效力待定合同的类型**

《中华人民共和国民法典》规定的效力待定的情形有：

（1）限制民事行为能力人订立的合同；

（2）无权代理人以本人名义订立的合同。

以上两类合同是由于有关当事人缺乏缔约能力、缺乏订立合同的资格造成的，如果给有关权利人赋予承认权，使之能够以其利益判断做出承认而使合同有效或者拒绝而使合同无效，往往是有利于权利人的利益，有利于促进交易的。因此，将这些合同规定为效力待定合同，是符合权利人的意志和利益的。

**2. 效力待定合同效力的确定**

（1）特定当事人追认权的行使。特定当事人行使追认权的，则合同生效；特定当事人放弃追认权或作出不予追认的明确表示的，则合同无效。

《中华人民共和国民法典》第十九条、第二十二条明确，限制民事行为能力人实施民事法律行为由其法定代理人代理或者经其法定代理人同意、追认；但是，可以独立实施纯获利益的民事法律行为或者与其智力、精神健康状况相适应的民事法律行为。

《中华人民共和国民法典》第一百七十一条规定："行为人没有代理权、超越代理权或者代理权终止后，仍然实施代理行为，未经被代理人追认的，对被代理人不发生效力。相对人可以催告被代理人自收到通知之日起三十日内予以追认。被代理人未作表示的，视为拒绝追认。"

（2）相对人行使撤销权。善意相对人明了合同效力待定的缘由后，可以在追认权人追认前，行使撤销权，使合同自始不产生效力。

## 任务 9.4　合同的履行

合同的履行是指合同生效后，当事人双方按照合同约定的标的数量、质量、价款、履行期限、履行地点和履行方式等，完成各自应承担的全部义务的行为。

### 9.4.1　合同履行的规则

**1. 合同履行原则**

《中华人民共和国民法典》第五百零九条规定："当事人应当按照约定全面履行自己的义务。当事人应当遵循诚信原则，根据合同的性质、目的和交易习惯履行通知、协助、保密等义务。当事人在履行合同过程中，应当避免浪费资源、污染环境和破坏生态。"

**2. 当事人就有关合同内容约定不明确时的履行规则**

（1）双方协议补充。合同生效后，当事人就质量、价款或者报酬、履行地点等内容没有约定或者约定不明确的，可以协议补充。

（2）不能达成补充协议的，按照合同有关条款或者交易习惯确定。

（3）仍不能确定的，适用《中华人民共和国民法典》第五百一十一条规定：

1）质量要求不明确的，按照强制性国家标准履行；没有强制性国家标准的，按照推荐性国家标准履行；没有推荐性国家标准的，按照行业标准履行；没有国家标准、行业标准的，按照通常标准或者符合合同目的的特定标准履行。

2）价款或者报酬不明确的，按照订立合同时履行地的市场价格履行；依法应当执行政府定价或者政府指导价的，按照规定履行。

3）履行地点不明确，给付货币的，在接受货币一方所在地履行；交付不动产的，在不动产所在地履行；其他标的，在履行义务一方所在地履行。

4）履行期限不明确的，债务人可以随时履行，债权人也可以随时要求履行，但应当给对方必要的准备时间。

5）履行方式不明确的，按照有利于实现合同目的的方式履行。

6）履行费用的负担不明确的，由履行义务一方负担；因债权人原因增加的履行费用，由债权人负担。

**3. 执行政府定价或者政府指导价的合同的履行规则**

执行政府定价或者政府指导价的，在合同约定的交付期限内政府价格调整时，按照交付时的价格计价。逾期交付标的物的，遇价格上涨时，按照原价格执行；价格下降时，按照新价格执行。逾期提取标的物或者逾期付款的，遇价格上涨时，按照新价格执行；价格下降时，按照原价格执行。

**4. 电子合同的履行规则**

通过互联网等信息网络订立的电子合同的标的为交付商品并采用快递物流方式交付的，收货人的签收时间为交付时间。电子合同的标的为提供服务的，生成的电子凭证或者实物凭证中载明的时间为提供服务时间；前述凭证没有载明时间或者载明时间与实际提供服务时间不一致的，以实际提供服务的时间为准。

电子合同的标的物为采用在线传输方式交付的，合同标的物进入对方当事人指定的特定系统且能够检索识别的时间为交付时间。

电子合同当事人对交付商品或者提供服务的方式、时间另有约定的，按照其约定。

## 9.4.2 合同履行的抗辩权

抗辩权是指在双务合同中，一方当事人有依法对抗对方要求或否认对方权利主张的权利。抗辩权只存在双务合同中，单务合同（如赠予合同）不存在抗辩权。《中华人民共和国民法典》规定了同时履行抗辩权、后履行抗辩权和不安抗辩权（又称先履行抗辩权）。

**1. 同时履行抗辩权**

同时履行抗辩权是指在双务合同中应当同时履行的一方当事人有证据证明另一方当事人在同时履行的时间不能履行或不能适当履行，到履行期时其享有不履行或部分履行的权利。

**2. 后履行抗辩权**

后履行抗辩权是指在互负债务的双务合同中，依照合同的约定或法律的规定有先后顺序的，负有先履行义务的一方当事人未履行义务或履行义务有重大瑕疵的情况下，后履行一方可以拒绝其相应的履行要求的权利。

**3. 不安抗辩权**

不安抗辩权又称为先履行抗辩权、保证履行抗辩权，是指在双务合同中，先履行的一方有确切证据证明另一方丧失履行债务能力时，在对方没有履行或者没有提供担保之前，有权中止合同而拒绝自己履行权利。

《中华人民共和国民法典》第五百二十七条规定："应当先履行债务的当事人，有确切证据证明对方有下列情形之一的，可以中止履行：（一）经营状况严重恶化；（二）转移财产、抽逃资金，以逃避债务；（三）丧失商业信誉；（四）有丧失或者可能丧失履行债务能力的其他情形。当事人没有确切证据中止履行的，应当承担违约责任。"

先履行合同的当事人行使中止权时，应当及时通知对方，以免给对方造成损害，也便于对方在接到通知后，提供相应的担保，使合同得以履行。如果对方当事人恢复了履行能力或提供了相应的担保后，先履行一方当事人"不安"的原因消除，应当恢复合同的履行。中止履行合同后，如果对方在合理期限内未恢复履行能力并且未提供适当担保的，中止履行合同的一方可以解除合同。

应当注意的是，先履行一方的当事人在没有确切证据证明的情况下就中止履行的，或者在行使不安抗辩权时没有依照法律规定的程序进行的，要承担违约责任。

双务合同中的抗辩权，是合同效力的表现。它们的行使，只是在一定的期限内中止履行合同，并不消灭合同的履行效力。产生抗辩权的原因消失后，债务人仍应履行其债务。所以，双务合同履行中的抗辩权为一时的抗辩权，延期的抗辩权。双务合同履行中的抗辩权，对抗辩权人是一种保护手段，免去自己履行后得不到对方履行的风险；使对方当事人产生及时履行提供担保的压力，所以它们是债权保障的法律制度，就其防患于未然这点来讲，作用较违约责任还积极，比债的担保亦不逊色。

## 任务 9.5　合同的变更、转让和终止

### 9.5.1　合同的变更

合同变更是指当事人对已经发生法律效力，但尚未履行或者尚未完全履行的合同，进行修改或补充所达成的协议。《中华人民共和国民法典》规定，当事人协商一致可以变更合同。这里的合同变更是狭义的，仅指合同内容的变更，不包括合同主体的变更。

依法订立的合同生效后，即具有法律约束力，任何一方都不得擅自变更或者解除合同。合同的变更必须遵守法律要求的方式。合同变更后，变更后的内容就取代了原合同的内容，当事人就应当按照变更后的内容履行合同，合同各方当事人均应受变更后的合同的约束。当事人对合同变更的内容约定不明确的，推定为未变更。合同变更的效力原则上仅对未履行的部分有效，已履行的部分没有溯及力，但法律另有规定或当事人另有约定的除外。

9-3
合同的
变更、转让
和终止

### 9.5.2 合同的转让

合同转让，是指通过合同关系的当事人与第三人协议的方式，在不改变合同的客体和内容的情况下，对债的主体进行变更，即合同的债权或债务在原主体间移转于他主体间的合同现象。故合同转让就是合同的主体变更，即原合同关系并不变动，仅合同主体有所更换，并不是此债消灭重新发生新债。

合同转让包括合同的债权转让、债务转移、权利义务的概括转移。

### 9.5.3 合同的终止

合同终止，也叫作合同消灭，《中华人民共和国民法典》称之为"合同的权利义务终止"，指合同当事人之间的合同关系在客观上已经不复存在，合同的债权、债务归于消灭。

《中华人民共和国民法典》第五百五十七条规定："有下列情形之一的，债权债务终止：（一）债务已经履行；（二）债务相互抵销；（三）债务人依法将标的物提存；（四）债权人免除债务；（五）债权债务同归于一人；（六）法律规定或者当事人约定终止的其他情形。合同解除的，该合同的权利义务关系终止。"

## 任务 9.6 违约责任

### 9.6.1 违约责任的概念和违约责任的承担方式

**1. 概念**

违约责任是指合同履行期限届满，债务人不履行或者不完全履行合同约定的义务，债务人应当承担的合同责任。

**2. 违约责任的承担方式**

（1）继续履行合同

当事人一方违反合同，对方要求继续履行的，应继续履行。因为当事人订立合同的目的，是为了通过双方履行合同义务而满足自己的需要，所以当一方违约，不仅要承担其他违约责任，还要继续履行合同。具体来讲包括两种情况：一是债权人要求债务人按合同的约定履行合同；二是债权人向法院提起诉讼，由法院判决强迫违约一方具体履行其合同义务。当事人违反金钱债务，一般不能免除其继续履行的义务。

（2）采取补救措施

指在当事人违反合同后，为防止损失发生或者扩大，由其依照法律或者合同约定而采取的修理、更换、退货、减少价款或者报酬等措施。采用这一违约责任的方式，主要是在发生质量不符合约定的时候。

（3）支付违约金

指由当事人约定，当事人不履行合同或履行不符合约定时，给付对方当事人约定数额的货币。

（4）赔偿损失

指合同当事人就其违约而给对方造成的损失给予补偿的一种方法。《中华人民共和国民法典》第五百八十三条规定："当事人一方不履行合同义务或者履行合同义务不符合约定的，在履行义务或者采取措施后，对方还有其他损失的，应当赔偿损失。"

## 9.6.2　违约责任的免除

合同生效后，当事人不履行合同或者履行合同不符合合同约定，都应承担违约责任。但是，如果是由于发生了某种非常情况或者意外事件，使合同不能按约定履行时，就应当作为例外来处理。根据《中华人民共和国民法典》规定，发生不可抗力可以部分或全部免除当事人的违约责任。

**1. 不可抗力的概念**

《中华人民共和国民法典》第一百八十条规定："不可抗力是不能预见、不能避免且不能克服的客观情况。"这种客观情况既包括自然现象，如地震、水灾、火灾、雷击、海啸等，也包括社会现象，如战争、罢工等。

**2. 不可抗力的法律后果**

一个不可抗力事件发生后，可能引起三种法律后果：一是合同全部不能履行，当事人可以解除合同，并免除全部责任；二是合同部分不能履行，当事人可部分履行合同，并免除其不履行部分的责任；三是合同不能按期履行，当事人可延期履行合同，并免除其迟延履行的责任。

**3. 因不可抗力不能履行合同一方当事人的义务**

根据《中华人民共和国民法典》的规定，一方当事人因不可抗力不能履行合同义务时，应承担如下义务：第一，应当及时采取一切可能采取的有效措施避免或者减少损失；第二，应当及时通知对方；第三，当事人应当在合理期限内提供证明。

## 9.6.3　非违约一方的义务

当一方当事人违约后，另一方当事人应当及时采取措施，防止损失的扩大，否则无权就扩大的损失要求赔偿。《中华人民共和国民法典》第五百九十一条对此明确规定："当事人一方违约后，对方应当采取适当措施防止损失的扩大；没有采取适当措施致使损失扩大的，不得就扩大的损失要求赔偿。当事人因防止损失扩大而支出的合理费用，由违约方承担。"

# 项目 10

# Chapter 10

# 建设工程施工合同

## 教学目标

### 1. 知识目标

(1) 了解建设工程施工合同的特点;

(2) 掌握示范文本的结构和用法、合同文件的构成及解释优先顺序;

(3) 熟悉发包人和承包人的主要义务;

(4) 熟悉合同的计价方式;

(5) 掌握违法分包的情形;

(6) 了解分包合同范本。

### 2. 能力目标

(1) 会使用合同范本;

(2) 能判断分析承包人和发包人的主要义务。

### 3. 思政目标

(1) 培养依法办事的意识;

(2) 培养严谨、认真、负责的工作态度。

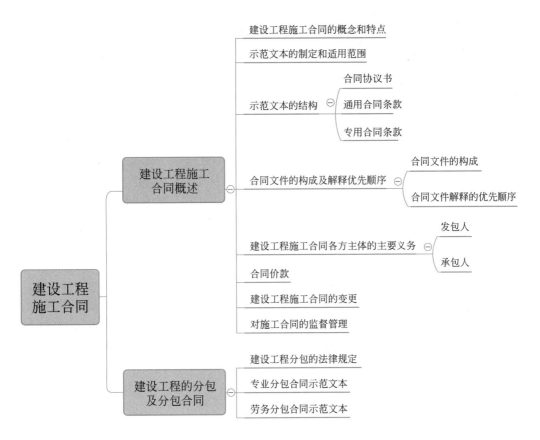

引文

　　建设工程施工合同具有特殊性和复杂性，所以国家制定和推行《建设工程施工合同（示范文本）》，规范合同管理。

# 任务 10.1 建设工程施工合同概述

## 10.1.1　建设工程施工合同的概念和特点

　　建设工程施工合同是指发包方（建设单位）和承包方（施工单位）为完成商定的施工项目，明确相互权利、义务的协议。

### 1. 合同主体

　　合同主体即签订合同的当事人。在建设工程施工合同中，合同主体是发包人（建设单位，或称甲方）和承包人（施工单位，或称乙方）。

**2. 建设工程施工合同的特点**

相对于其他合同，建设工程施工合同具有以下特点：

（1）合同标的的特殊性

施工合同的标的是建筑产品，而建筑产品是不动产，和其他产品相比具有固定性、形体庞大、生产流动性、单件性、生产周期长等特点。同时，建造过程中往往受到自然条件、地质水文条件、社会条件、人为条件等因素的影响。这些特点决定了施工合同标的的特殊性。

（2）合同内容的繁杂性

由于工程建设的工期一般较长，涉及多种主体以及他们之间的法律、经济关系，这些方面和关系都要求施工合同内容尽量详细、全面，所以必然导致合同的内容约定、履行管理都很复杂。施工合同除了应当具备合同的一般内容外，还应对安全施工、专利技术使用、发现地下障碍物和文物、工程分包、不可抗力、工程变更及材料设备的供应、运输、验收等内容做出更详细的规定。

（3）合同履行期限的长期性

由于施工合同标的特殊性、合同涉及面广，再加上必要的施工准备时间和办理竣工结算及保修期的时间，以及施工合同内容的约定还需与其他相关合同相协调，如设计合同、供货合同等，所以施工合同的履行期限具有长期性。

（4）合同监督的严格性

由于施工合同的履行与国家的经济发展，人们的工作、生活，乃至生命都息息相关，因此，国家对施工合同有着非常严格的监督。在施工合同的订立、履行、变更、终止全过程中，除了要求合同当事人对合同进行严格的管理外，合同的主管机关（工商行政管理机构）、建设行政主管部门、金融机构等都要对施工合同进行严格的监督。

## 10.1.2 《建设工程施工合同（示范文本）》的制定和适用范围

**1. 制定机关和制定依据**

《建设工程施工合同（示范文本）》GF-2017-0201（后文均指此版本）由住房和城乡建设部、国家工商行政管理总局依据《中华人民共和国合同法》《中华人民共和国建筑法》《中华人民共和国招标投标法》等相关法律法规制定。

**2. 编号含义**

《建设工程施工合同（示范文本）》的编号是"GF-2017-0201"，其编号由三部分组成。第一部分"GF"是"国范"的拼音首字母，第二部分"2017"是编制该范本的年份，第三部分是合同类别编号。

**3. 性质**

《建设工程施工合同（示范文本）》为非强制性使用文本，具有引导性，不具有强制性。

**4. 适用范围**

《建设工程施工合同（示范文本）》适用于房屋建筑工程、土木工程、线路管道和设备安装工程、装修工程等建设工程的施工承发包活动。合同当事人可结合建设工程具体情况，根据《建设工程施工合同（示范文本）》订立合同，并按照法律法规规定和合同约定承担相应的法律责任及合同权利义务。

**5. 作用**

建设工程项目具有量大面广、投资规模与复杂程度差异悬殊、施工合同内容复杂、涉及面广等特点，因此，为了规范合同当事人的行为，完善社会主义市场经济条件下的建设经济合同制度，解决施工合同中文本不规范、条款不完备、合同纠纷多等问题，住房和城乡建设部会同国家工商行政管理局依据有关工程建设的法律、法规，结合我国建设市场及工程施工的实际情况，同时借鉴了国际通用土木工程施工合同的成熟经验和做法颁布了《建设工程施工合同（示范文本）》，经过多年的工程实践，根据市场变化，不断修订和补充。

施工合同文本的条款内容不仅涉及各种情况下双方的合同责任和规范化的履行管理程序，而且涵盖了非正常情况的处理原则，很好地解决了施工合同签订过程中长期存在的种种难题，有效避免了发包人与承包人之间长期存在的诸多扯不清的问题。

## 10.1.3 《建设工程施工合同（示范文本）》的结构

《建设工程施工合同（示范文本）》由合同协议书、通用合同条款和专用合同条款 3 部分组成，并附有 11 个常用附件。

10-1
《建设工程
施工合同
（示范文本）》

**1. 合同协议书**

（1）《建设工程施工合同（示范文本）》合同协议书共计 13 条，主要包括：工程概况、合同工期、质量标准、签约合同价和合同价格形式、项目经理、合同文件构成、承诺以及合同生效条件等，集中约定了合同当事人基本的合同权利义务。

（2）使用时，合同双方当事人可根据项目具体情况增加相关内容和条款。

（3）使用时，合同双方当事人应当完整的签字和盖章，这是合同有效性的保证。

**2. 通用合同条款**

（1）通用合同条款是合同当事人根据《中华人民共和国建筑法》《中华人民共和国合同法》等法律法规的规定，就工程建设的实施及相关事项，对合同当事人的权利义务做出的原则性约定。既考虑了现行法律法规对工程建设的有关要求，也考虑了建设工程施工管理的特殊需要。

（2）使用时不能对本部分进行任何修改。

**3. 专用合同条款**

（1）专用合同条款是对通用合同条款原则性约定的细化、完善、补充、修改或另行约定的条款。合同当事人可以根据不同建设工程的特点及具体情况，通过双方的谈判、协商对相应的专用合同条款进行修改补充。

（2）在使用专用合同条款时，应注意以下事项：

1）专用合同条款的编号应与相应的通用合同条款的编号一致；

2）合同当事人可以通过对专用合同条款的修改，满足具体建设工程的特殊要求，避免直接修改通用合同条款；

3）在专用合同条款中有横道线的地方，合同当事人可针对相应的通用合同条款进行细化、完善、补充、修改或另行约定；如无细化、完善、补充、修改或另行约定，则填写"无"或画"/"，不要留空。

## 10.1.4 合同文件的构成及解释优先顺序

**1. 合同文件的构成**

合同文件的构成包括以下文件：

（1）合同协议书；

（2）中标通知书（如果有）；

（3）投标函及其附录（如果有）；

（4）专用合同条款及其附件；

（5）通用合同条款；

（6）技术标准和要求；

（7）图纸；

（8）已标价工程量清单或预算书；

（9）其他合同文件。

**2. 合同文件解释的优先顺序**

（1）上述各项合同文件互相解释，互为说明。如各文件之间出现不一致的解释时，除专用合同条款另有约定外，解释合同文件的优先顺序按照上述所列顺序进行，即合同协议书具有最优先解释权，依次向下。例如，专用合同条款与合同协议书出现不一致时，以合同协议书为准；通用条款与专用条款不一致时，以专用条款为准。

（2）上述各项合同文件包括合同当事人就该项合同文件所作出的补充和修改，属于同一类内容的文件，应以最新签署的为准。

（3）在合同订立及履行过程中形成的与合同有关的文件均构成合同文件组成部分，并根据其性质确定优先解释顺序。

## 10.1.5 建设工程施工合同各方主体的主要义务

**1. 发包人**

《建设工程施工合同（示范文本）》中的"通用合同条款"规定，发包人是指在协议书中约定具有工程发包主体资格和支付工程价款能力的当事人以及取得该当事人资格的合法继承人。发包人的主要义务有：

（1）许可或批准。发包人应遵守法律，并办理法律规定由其办理的许可、批准或备案，包括但不限于建设用地规划许可证、建设工程规划许可证、建设工程施工许可证、施工所需临时用水、临时用电、中断道路交通、临时占用土地等许可和批准。发包人应协助承包人办理法律规定的有关施工证件和批件。

（2）派驻发包人代表。发包人应在专用合同条款中明确其派驻施工现场的发包人代表的姓名、职务、联系方式及授权范围等事项。发包人代表在发包人的授权范围内，负责处理合同履行过程中与发包人有关的具体事宜。

（3）管理发包人人员。发包人应要求在施工现场的发包人人员遵守法律及有关安全、质量、环境保护、文明施工等规定，并保障承包人免于承受因发包人人员未遵守上述要求给承包人造成的损失和责任。

（4）施工现场、施工条件和基础资料的提供。除专用合同条款另有约定外，发包人应负责提供施工所需要的条件，包括通水通电通信通路、协调处理施工现场周围地下管线和邻近建筑物、构筑物、古树名木的保护工作，并承担相关费用；提供施工现场及工程施工所必需的毗邻区域内供水、排水、供电、供气、供热、通信、广播电视等地下管线资料，气象和水文观测资料，地质勘察资料，相邻建筑物、构筑物和地下工程等有关基础资料，并对所提供资料的真实性、准确性和完整性负责。

（5）提供资金来源证明及支付担保。

（6）支付合同价款。发包人应按合同约定向承包人及时支付合同价款。

（7）组织竣工验收。发包人应按合同约定及时组织竣工验收。

（8）现场统一管理协议。发包人应与承包人、由发包人直接发包的专业工程的承包人签订施工现场统一管理协议，明确各方的权利义务。施工现场统一管理协议作为专用合同条款的附件。

**2. 承包人**

《建设工程施工合同（示范文本）》中的"通用合同条款"规定，承包人是指在协议书中约定被发包人接受、具有工程施工承包主体资格的当事人以及取得该当事人资格的合法继承人。

承包人在履行合同过程中应遵守法律和工程建设标准规范，并履行以下义务：

（1）办理法律规定应由承包人办理的许可和批准，并将办理结果书面报送发包人留存；

（2）按法律规定和合同约定完成工程，并在保修期内承担保修义务；

（3）按法律规定和合同约定采取施工安全和环境保护措施，办理工伤保险，确保工程及人员、材料、设备和设施的安全；

（4）按合同约定的工作内容和施工进度要求，编制施工组织设计和施工措施计划，并对所有施工作业和施工方法的完备性和安全可靠性负责；

（5）在进行合同约定的各项工作时，不得侵害发包人与他人使用公用道路、水源、市政管网等公共设施的权利，避免对邻近的公共设施产生干扰。承包人占用或使用他人的施工场地，影响他人作业或生活的，应承担相应责任；

（6）按照环境保护约定负责施工场地及其周边环境与生态的保护工作；

（7）按安全文明施工约定采取施工安全措施，确保工程及其人员、材料、设备和设施的安全，防止因工程施工造成的人身伤害和财产损失；

（8）将发包人按合同约定支付的各项价款专用于合同工程，且应及时支付其雇用人员工资，并及时向分包人支付合同价款；

（9）按照法律规定和合同约定编制竣工资料，完成竣工资料立卷及归档，并按专用合同条款约定的竣工资料的套数、内容、时间等要求移交发包人；

（10）应履行的其他义务。

## 10.1.6　合同价款

**1. 相关概念**

（1）合同价款，指在合同协议书内已注明的金额。

（2）追加合同价款，指合同履行中发生需要增加合同价款的情况，经发包人确认后，按照计算合同价款的方法，给承包人增加的合同价款。

（3）费用，指不包含在合同价款之内的应当由发包人或承包人承担的经济支出。

**2. 合同的计价方式**

通用合同条款中规定有三类计价方式可供双方选择，合同采用的计价方式需在专用条款中说明。可供选择的计价方式有以下 3 种：

（1）固定价格合同

固定价格合同是指在约定的风险范围内价款不再调整的合同。但这种合同的价款并不是绝对不可以调整，而是约定范围内的风险由承包人承担。工程承包活动中采用的总价合同和单价合同都属于此类合同。双方需要在专用合同条款内约定合同价款包含的风险范围、风险费用的计算方法和承包风险范围以外对合同价款影响的调整方法，在约定的风险范围内合同价款不再调整。

固定价格合同中，承包商承担了全部的工作量和价格的风险。通常用于工期短、工程量小，估计在施工过程中环境因素变化小，工程条件稳定并合理、工程设计详细，工程结构和技术简单，图纸完整、清楚，工程任务和范围明确的工程。

（2）可调价格合同

可调价格合同是相对固定价格而言的，其中可调价格合同的含义：双方在专用条款内约定合同价款调整方法。可调价合同的计价方式与固定价格合同基本相同，只是增加可调价的条款，因此在专用合同条款内应当明确约定调价的计算方法。

可调价格合同一般适用于工程规模较大、技术比较复杂、建设工期较长，且核定合同价格时缺乏充分的工程设计文件和必需的施工技术管理条件的工程建设项目，或者因为工程建设项目建设工期较长，人工、材料、机械等要素的市场价格可能发生较大变化，合同双方为合理分担风险而需要调整合同总价或合同单价的工程建设项目。如工期在 18 个月以上的合同，发包人和承包人在招投标阶段和签订合同时不可能合理预见到 18 个月以后物价浮动和后续法规变化对合同价款的影响，为了双方合理分担外界因素影响的风险，应采用可调价合同。

（3）成本加酬金合同

成本加酬金合同是指发包人负担全部工程成本，对承包人完成的工作支付相应酬金的计价方式。采用这种计价方式的合同双方应当在专用合同条款内约定成本构成和酬金的计算方法。

这类合同中，业主承担项目实际发生的一切费用，因此也就承担了项目的全部风险。主要用于需要立即开展的项目、新型的工程项目、风险很大的项目。如灾后修复工程，双方对施工成本均无法预测，此时可以采用此种方式。

值得一提的是，在实践中，有些工程承包的计价方式不一定是单一的方式，也可以采用组合计价方式，只要在合同内明确约定具体工作内容采用何种计价方式即可。如工期较长的施工合同，主体工程部分采用可调价的单价合同；而某些较简单的施工部位就可以采用不可调价的固定总价承包；如果再涉及使用新工艺施工部位或某项工作，就可以用成本加酬金方式结算该部分的工程款。

**3. 工程预付款的约定**

预付款是发包人为了帮助承包人解决工程施工前期资金紧张的困难提前支付的一笔款项。

施工合同的支付程序中是否有预付款，取决于工程的性质、承包工程量的大小以及发包人在招标文件中的规定。如果施工合同的支付程序中有预付款，那么在专用合同条款内就应约定预付款总额，一次或分阶段支付的时间及每次付款的比例（或金额），扣回的时间及每次扣回的计算方法，是否需要承包人提供预付款保函等相关内容。

**4. 支付工程进度款的约定**

双方要在专用合同条款内约定工程进度款的支付时间和支付方式。工程进度款支付既可以按月计量支付，也可以完成工程的进度分阶段支付或完成工程后一次性支付。对合同内不同的工程部位或工作内容可以采用不同的支付方式，只要在专用合同条款中具体明确即可。

## 10.1.7　建设工程施工合同的变更

**1. 变更的范围**

除专用合同条款另有约定外，合同履行过程中发生以下情形的，应按照合同通用条款的约定进行变更：

（1）增加或减少合同中任何工作，或追加额外的工作；

（2）取消合同中任何工作，但转由他人实施的工作除外；

（3）改变合同中任何工作的质量标准或其他特性；

（4）改变工程的基线、标高、位置和尺寸；

（5）改变工程的时间安排或实施顺序。

**2. 变更权**

发包人和监理人均可以提出变更。

变更指示均通过监理人发出，监理人发出变更指示前应征得发包人同意。承包人收到经发包人签认的变更指示后，方可实施变更。未经许可，承包人不得擅自对工程的任何部分进行变更。

涉及设计变更的，应由设计人提供变更后的图纸和说明。如变更超过原设计标准或批准的建设规模时，发包人应及时办理规划、设计变更等审批手续。

**3. 变更程序**

（1）发包人提出变更。发包人提出变更的，应通过监理人向承包人发出变更指示，变更指示应说明计划变更的工程范围和变更的内容。

（2）监理人提出变更建议。监理人提出变更建议的，需要向发包人以书面形式提出变更计划，说明计划变更工程范围和变更的内容、理由以及实施该变更对合同价格和工期的影响。发包人同意变更的，由监理人向承包人发出变更指示。发包人不同意变更的，监理人无权擅自发出变更指示。

（3）变更执行。承包人收到监理人下达的变更指示后，认为不能执行，应立即提出不能执行该变更指示的理由。承包人认为可以执行变更的，应当书面说明实施该变更指示对合同价格和工期的影响，且合同当事人应当按照约定确定变更估价。

## 10.1.8　建设行政主管部门及相关部门对施工合同履行的监督管理

发包人和承包人订立和履行合同虽然属于当事人自主的市场经济行为，但建筑工程涉及国民经济的健康发展，与人民生命财产的安全息息相关，因此必须符合法律和法规的有关规定。

**1. 建设行政主管部门对施工合同履行的监督管理**

建设行政主管部门主要从施工质量和施工安全的角度对工程项目进行监督管理，包括：

（1）颁布规章、制度。依据国家的法律颁布相应的行业规章、制度，从而规范建筑市场有关各方的行为，其中也包括推行合同范本制度。

（2）批准工程项目的建设。在工程项目的建设过程中，发包人必须按规定履行工程项目报建手续、获取施工许可证及取得规划许可和土地使用权的许可。

（3）对建设活动实施监督。主要体现在：

1）对招标申请报送材料进行审查；

2）对中标结果和合同的备案审查；

3）对工程开工前报送的发包人指定的施工现场总代表人和承包人指定的项目经理的备案材料审查；

4）竣工验收程序和鉴定报告的备案审查；

5）竣工的工程资料备案等。

**2. 工程质量监督机构对施工合同履行的监督管理**

工程质量监督机构是接受政府建设行政主管部门的委托，专门负责监督工程质量的中介组织。

在工程招标工作完成以后、领取开工证之前，发包人必须到工程所在地的质量监督机构办理质量监督登记手续。工程质量监督机构对合同履行的监督分为：

（1）对工程参建各方主体质量行为的监督。包括对建设单位、施工单位和监理单位质量行为的监督。

（2）对建设工程的实体质量的监督。主要以抽查为主的方式并辅以科学的检测手段进行。地基基础实体部分必须经过监督检查后方可进行主体结构施工；主体结构实体必须经监督检查后方可进行后续的工程施工工作。在工程竣工验收监督时，重点对工程竣工验收的组织形式、验收程序、执行验收规范情况等实行监督。

**3. 金融机构对施工合同的管理**

金融机构对施工合同的管理是通过对信贷管理、结算管理及当事人的账户管理进行的。金融机构还有义务协助执行已生效的法律文书，以保护当事人的合法权益。

# 任务 10.2　建设工程的分包及分包合同

## 10.2.1　关于建设工程分包的法律规定

**1. 分包**

建设工程承包单位将其承包工程中的部分工程发包其他单位完成，称为分包。

**2. 违法分包的情形**

违法分包是指承包单位承包工程后违反法律法规规定，把单位工程或分部分项工程分包给其他单位或个人施工的行为。存在下列情形之一的，属于违法分包：

（1）总承包单位将建设工程分包给不具备相应资质条件的单位或分包给个人的；

（2）建设工程总承包合同中未有约定，又未经建设单位认可，承包单位将其承包的部分建设工程交由其他单位完成的；

（3）施工总承包单位将建设工程主体结构的施工分包给其他单位的，钢结构工程除外；

（4）专业分包单位将其承包的专业工程中非劳务作业部分再分包的；

（5）专业作业承包人将其承包的劳务再分包的；

（6）专业作业承包人除计取劳务作业费用外，还计取主要建筑材料款和大中型施工机械设备、主要周转材料费用的。

**3. 总承包单位和分包单位法律责任的承担**

建筑工程总承包单位按照总承包合同的约定对建设单位负责；分包单位按照分包合同的约定对总承包单位负责。总承包单位和分包单位就分包工程对建设单位承担连带责任。

## 10.2.2　建设工程施工分包合同

为加强建设工程施工分包合同管理，进一步明确承包人和分包人的权利义务，保护工程分包中各方主体的合法权益，住房和城乡建设部颁布了《建设工程施工专业分包合同（示范文本）》和《建设工程施工劳务分包合同（示范文本）》。

**1.《建设工程施工专业分包合同（示范文本）》**

（1）合同框架。《建设工程专业分包合同（示范文本）》与《建设工程施工合同（示范文本）》依照的法律法规和遵循的原则是一样的，文本结构与词语含义及表述、顺序也基本相同，分包合同是以施工合同的基本框架为基础，根据分包与承包的具体特点，对相关条文适当增删或变换表述口气，即为专业分包合同示范文本。

专业分包合同同样包括协议书、通用条款和专用条款三部分，专用条款与通用条款条目相对应，是通用条款在具体工程上的落实。协议书部分将施工合同中的发包人改为承包人，将承包人改为分包人，其余内容无实质性差别。

（2）合同责任划分。专业分包合同是以发包人与承包人已经签订施工总承包合同为前提条件的，总承包人对发包人负责、分包人对总承包人负责，分包人履行总包合同中与分包工程有关的承包人的所有义务，并与总承包人承担履行分包工程合同以及确保分包工程质量的连带责任。

（3）关于分包。禁止将非劳务部分再分包，可以经承包人同意进行劳务分包。分包人应对再分包的劳务作业的质量等相关事宜进行督促和检查，并承担相关连带责任。

**2.** 《建设工程施工劳务分包合同（示范文本）》

（1）劳务分包合同和专业分包合同一样，是为配合工程施工合同而制定的分包合同。劳务分包合同是以发包人与工程承包人已经签订施工总包合同或专业承（分）包合同为前提条件，依照的法律法规与遵循原则同前两个合同文本。

（2）由于劳务分包合同所含的工作规模小、合同总价低、涉及的技术规范和法律概念在前两个合同文本中已有明确规定，所以劳务分包合同文本更为简单明了。

劳务分包合同文本采用了较简化的表达方式，将协议书、通用条款和专用条款合为一体。国家对双方当事人的行为规范要求分条款表明，双方将协商好的量化意见填在相应条款的空格中即可，例如资质证书号码、开始工作日期、合同价款等。

（3）禁止转包或再分包。劳务分包人不得将劳务分包合同项下的劳务作业转包或再分包给他人，否则，劳务分包人将依法承担法律责任。

10-拓3
其他
建设工程
合同简介

# 项目 11

**Chapter 11**

# 合同索赔管理

 教学目标

## 1. 知识目标

（1）理解索赔的概念；

（2）掌握索赔程序；

（3）掌握工期索赔和费用索赔的计算规则。

## 2. 能力目标

（1）能区分索赔的类型；

（2）能进行简单的索赔计算；

（3）会编制索赔通知书和索赔文件。

## 3. 思政目标

（1）树立维权意识；

（2）强化法治态度；

（3）培养时间观念。

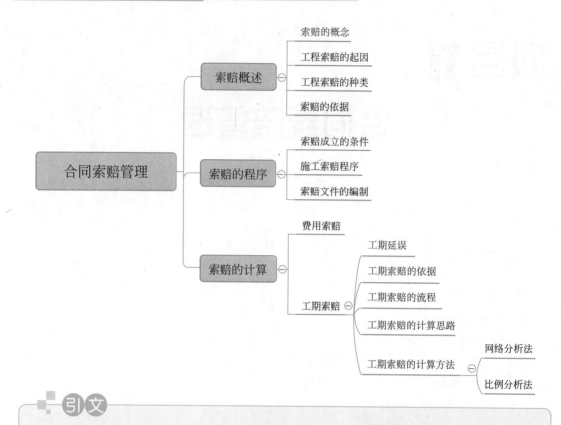

## 引文

　　因为建设工程合同的特殊性，在合同履行过程中，总避免不了合同规定之外的情形发生。所以，需要建立索赔制度，对遭受损失的一方给予补偿。

## 任务 11.1　索赔概述

### 11.1.1　索赔的概念

**1. 工程索赔的概念**

　　索赔是指在工程承包合同履行过程中，合同当事人由于非自身的责任、原因或不可预见的因素而遭受损失时，可根据合同的约定，凭有关证据，通过合法的途径和程序向发包人提出补偿或赔偿要求。

　　索赔是工程承包中经常发生的正常现象，属于正确履行合同的正当权利要求。由于施工现场条件、气候条件的变化，施工进度、物价的变化，以及合同条款、规范、标准文件和施工图纸的变更、差异、延误等因素的影响，使得工程承包中不可避免地出现索赔事件。工程市场实际是买方市场，买方拥有更多的话语权，承包人作为卖方相对来说承担着更多的风险。所以，实际工程中的索赔多为承包人提出，也即通常意义上的"工程索赔"。

**2. 反索赔的概念**

反索赔是业主（发包人）向承包人（承包人）提出的，由于承包人的责任或违约而导致业主经济损失的补偿要求，称为反索赔。

有效的反索赔可以预防损失的发生，反击对方的索赔要求，减少对方的索赔金额，保护自己正当的经济利益。

## 11.1.2　工程索赔的起因

一般说来，工程索赔发生的原因大致有以下五个方面：

**1. 合同内容变更**

随着新技术、新工艺、新材料的不断发展，业主对项目的要求越来越高，使设计和施工的难度不断增大，而且现场经常会发生不可预见的情况。所以要求设计人员在设计上尽善尽美，完全不出差错是不大可能的，在施工过程中往往需要进行设计变更。有时根据现场情况，工程师也会指示变更施工方法，这就会导致施工费用和工期的变化。

**2. 合同文件缺陷**

签合同时未发现的合同内容前后矛盾、合同条款过于笼统、合同有遗漏或漏洞等，造成实际施工时当事双方理解不一致，造成争议，导致索赔。

**3. 发包人或工程师违约**

发包人违约主要表现在不按合同规定交付施工场地、未按合同约定提供合格的材料设备，未按合同规定的时间支付工程款、工程师未能及时解决施工现场问题或因其工作失误造成损失（例如发出错误的工作指令等）造成对正常施工的干扰等。

**4. 第三方原因**

因参与工程建设单位的多元性，单位之间会产生经济方面、技术方面、工作方面的联系，一方的管理、质量、安全的问题不仅会对自身单位造成损失，而且会影响其他与此项目有关系的单位，造成对工程工期或费用的损失。

**5. 政策法规的变化**

政策、法规的变化主要是指与工程造价有关的政策、法规的变化。随着我国经济建设的不断发展，国家及各地相关管理部门都会结合工程建设客观情况不断完善相关政策、法规。价格管理也会随着市场、技术的变化而经常变化，这些变化会对建筑工程造价产生影响，也是工程索赔的重要起因。

## 11.1.3　工程索赔的种类

索赔事件又称干扰事件，是指现场实际施工情况与合同计划不符合，最终引起工期和费用变化的事件。从不同的标准或不同的角度，工程索赔的划分是不同的，常见的分类如下：

**1. 按照索赔目的和要求分类**

（1）工期索赔

即承包人向业主或者分包人向承包人要求延长工期。

（2）费用索赔

即承包人要求业主补偿非承包人责任所造成的费用损失，调整合同价格。

**2. 按照索赔的处理时间和处理方式分类**

（1）单项索赔

指在合同规定的索赔有效期内向业主提交索赔意向书和索赔报告，只针对某一索赔事件提出的索赔。因索赔是在索赔事件发生时或者发生后由合同管理人员立即处理，所以索赔原因和责任较为单一，处理起来比较简单。

（2）总索赔

指对整个工程项目实施过程中所发生的索赔事项，合同双方在工程移交前后综合在一起进行索赔。总索赔的处理和解决都比较复杂，承包人必须保存全部工程资料和其他可作为索赔证据的资料。同时，在最终的谈判中，由于索赔的集中积累，造成谈判的艰难，并耗费大量的时间和金钱。对于某些索赔额度巨大的一揽子索赔，为提高索赔成功率，承包人往往需要聘请法律、索赔专家，甚者成立专门的索赔小组或委托索赔咨询公司来处理索赔事件。

**3. 按照索赔原因分类**

（1）工期延期索赔

因为发包人未能按照合同约定的要求提供施工条件、设计施工图纸、相关技术材料等，或因发包人的指令工程停工，或不可抗力造成工期拖延，承包人可以提出索赔。

（2）工程变更索赔

因发包人或者工程师指令增加或者减少工程量，或增加附加工程、修改设计、变更施工顺序等，引起承包人的工期延长和费用增加，承包人可提出索赔。

（3）工程终止索赔

因不可抗力或业主违约等事件的影响导致工程非正常终止且不再继续进行，令承包人蒙受经济损失而提出的索赔。

（4）工程加速索赔

因为发包人或工程师指令承包人加快施工进度，缩短工期，引起承包人的人力、物力、财力的额外开支，承包人提出索赔。

（5）其他原因索赔

因汇率变化、政策法令变化、物价涨跌、货币贬值等原因引起的索赔。

**4. 按照索赔的依据分类**

（1）合同内索赔

指索赔所涉及的内容可以在合同条款中找到依据，并可根据合同规定明确划分责任，承包人可据此向发包人提出索赔要求。这类索赔较为常见，处理和解决起来要简单一些。

（2）合同外索赔

又称非合同规定的索赔，或超越合同规定的索赔。在合同中没有专门条款明文规定，但可根据某些条款的含义引申出来的索赔权利。

（3）道义索赔

承包人在施工过程中因意外困难遭受损失，但合同中找不出索赔依据，向业主提出给以适当经济补偿的要求。

**5. 按反索赔原因分类：**

（1）工期延误索赔：因承包商的原因造成工期延误，发包方可要求其支付延期竣工违约金和因工程延误引起的贷款利息、附加监理费、继续租用原建筑物或租用其他建筑物的租赁费。

（2）质量不满足合同要求索赔：因承包商原因，导致工程施工质量不符合合同的要求，或使用的设备和材料不符合合同的规定，或在缺陷责任期未满前未完成应负责修补的工程时，发包方可据此向承包商索赔。

（3）承包商不履行的保险费用索赔：因承包商未能按照合同条款指定的项目投保，并保证保险有效，业主可以投保并保证保险有效，发包方所支付的必要的保险费可在应付给承包商的款项中扣回。

（4）对超额利润的索赔：如果工程量增加很多，使承包商在不增加任何固定成本的情况下，预期收入增大，或由于法规的变化导致实际施工成本降低，产生了超额利润，应调整合同价格，收回部分超额利润。

（5）承包商未遵循监理工程师指示的索赔：承包商未能按照监理工程师的指示完成应由其自费进行的缺陷补救工作或调换不合格的材料的情形，发包人可提出索赔。

## 11.1.4　索赔的依据

索赔的依据主要是法律、法规及工程建设惯例，尤其是双方签订的工程合同文件。索赔证据作为索赔文件的一部分，关系到索赔的成败。索赔证据必须真实、全面、有法律效力、经当事人认可、有充分说服力，同时应是书面材料。

总体而言，索赔的依据主要有以下几个方面：

**1. 合同文件**

各种合同文件的组成包括：合同协议书、中标通知书、投标书及其附件、合同专用条款、合同通用条款、标准、规范及有关技术文件、图纸、工程量清单、工程报价单或预算书、有关技术资料和要求等，具体的如发包人提供的水文地质、地下管网资料，施工所需的证件、批件、临时用地占地证明手续、坐标控制点资料等。

**2. 国家政策法律、法规文件**

建设工程合同文件适用国家的法律和行政法规。包括：《中华人民共和国民法典》《中华人民共和国仲裁法》《中华人民共和国建筑法》等国家颁布的法律以及其他相关的部门规章和地方性法规。

**3. 会议纪要**

在工程施工过程中，发包人、监理工程师以及各承包人之间会定期或不定期的举行会议，以汇报工程进度情况，沟通并解决遇到的问题。会议纪要反映当事双方对项目有关问题采取的行动。经过各方签署的会议纪要具备了法律效力，可作为合同的补充，对索赔起到证明作用。

**4. 来往函件、通知、答复**

工程的来往信件内容包括发包人的变更指令、各种认可信件、通知、对承包人问题的答复信件等。这些信件的签发日期对索赔的具体事项具有直接的参考和证明价值。因此所有信件都应保存至工程全部竣工、合同履行完毕、索赔事项均获解决之后。

**5. 施工组织设计、施工方案**

经过发包人或者工程师批准的承包人的施工进度计划、施工方案、施工组织设计和现场实施情况记录。项目施工现场工程的施工顺序、各工序的持续时间、各种资源的安排、材料的采购和使用情况都能在进度计划安排中得到反映。若非承包人的原因导致实际进度与计划进度不符或发生工程变更，承包人应得到补偿。

**6. 施工现场的影音资料和工程文件**

如施工现场视频、施工照片、隐蔽工程覆盖前的图片、施工备忘录、施工日志、检查日记、监理工程师填写的施工纪录、隐蔽工程验收报告、材料性能试验报告、地基承载力试验报告、工程验收报告、停电停水、监理工程师或者发包人签证文件以及道路开通和封闭的记录和证明等。

**7. 现场天气报告**

施工现场应做好天气情况记录和气候报告。遇到恶劣天气，应及时做好记录，并请监理工程师或者发包人代表签证。

**8. 会计核算资料和报表**

这是计算索赔金额的基础证明。在索赔中常用的有工资薪金单据、索款单据、工资报表、施工人员计划表、人工工日报表、材料和设备表、各种收付款原始凭证、总分类账单、管理费用报表、工程成本报表等。

**9. 官方的物价指数、工资指数、中央银行的外汇比价等相关的公布资料**

---

## 任务 11.2 索赔的程序

### 11.2.1 索赔成立的条件

承包人索赔要求的成立必须同时具备以下四个条件：

**1. 造成实际损失**

与合同相比较，事件已经造成了承包人实际的额外费用增加或工期损失。

**2. 非自身原因**

造成费用增加或工期损失的原因不是由于承包人自身的责任所造成。

**3. 非自身责任**

这种经济损失或权利损害也不是由承包人应承担的风险所造成。

**4. 程序符合要求**

承包人在合同规定的期限内提交了书面的索赔意向通知和索赔文件。

上述四个条件没有先后主次之分，并且必须同时具备，承包人的索赔才能成立。

## 11.2.2　施工索赔程序

索赔工作程序是指从索赔事件产生到最终处理的全过程所包括的工作内容和工作步骤。施工索赔工作程序一般可分为如下主要步骤（图 11-1）：

1. 提出索赔意向

索赔事件发生后，承包人在合同规定时间内将索赔意向用书面形式及时通知发包人或者工程师，向对方表明索赔愿望，要求或者声明保留索赔权利。这是索赔工作程序的第一步，其关键是抓住索赔机会，及时提出索赔意向。

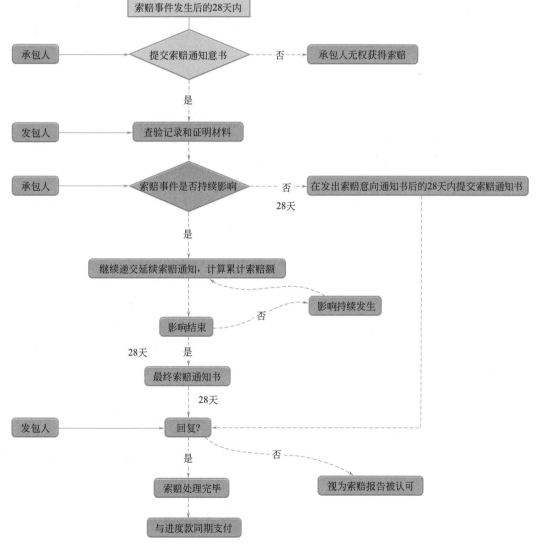

**图 11-1　施工索赔程序图**

根据《建设工程施工合同（示范文本）》GF-2017-0201规定："承包人应在知道或应当知道索赔事件发生后28天内，向监理工程师递交索赔意向通知书，并说明发生索赔事件的事由；承包人未在前述28天内发出索赔意向通知书的，丧失要求追加付款和（或）延长工期的权利。"

因索赔通知书只是表达索赔意向，所以应简单扼要地描述事件发生的时间、地点、发展动态、索赔依据和理由、索赔事件对工程产生的不利影响等。

索赔意向通知书内容和格式示例如下：

索赔意向通知书

工程名称：　　　　　　　　　　　　　　编号：

致：＿＿＿＿＿＿＿＿＿＿＿

　　根据《建设工程施工合同(示范文本)》GF-2017-0201＿＿＿＿＿＿＿(条款)的约定,由于发生了事件,且该事件的发生非我方原因所致。为此,我方向＿＿＿＿＿＿＿(单位)提出索赔要求。

　　附件:索赔事件资料。

提出单位(盖章)：＿＿＿＿＿＿<br>负责人(签字)：＿＿＿＿＿＿<br>年　　月　　日

**2. 索赔资料的准备**

从提出索赔意向到提交索赔文件这个时间段，是承包人搜集和整理索赔资料的阶段。这个阶段的工作质量和成效对整个索赔起着至关重要的作用，同时也体现了承包人的工程项目管理水平。

此阶段的工作有：跟踪和调查索赔事件，掌握事件产生的详细经过和前因后果；分析索赔事件产生原因，划清各方责任，确定由谁承担，并分析这些索赔事件是否违反了合同规定，是否在合同规定的赔偿或补偿范围内；对比实际和计划的施工进度和工程成本，分析经济损失或权利损害的范围和大小，并由此计算出工期索赔和费用索赔值；搜集从索赔事件产生、持续直至结束的全过程的证据和施工记录，这是索赔能否成功的重要条件；按照索赔文件的格式和要求，起草索赔文件，将上述各项内容系统反映在索赔文件中。

**3. 索赔文件的递交**

承包人必须在合同规定的索赔时限内向业主或工程师提交正式的书面索赔文件。若承包人未在合同规定的时间内提交索赔报告，则其将失去对该事件请求补偿的权力。我国《建设工程施工合同（示范文本）》GF—2017—0201中规定，承包人必须在发出索赔意向通知后的28天内或经过工程师同意的其他合理时间内向工程师提交一份详细的索赔文件和有关资料，如果干扰事件对工程的影响是持续性的，承包人则应按工程师要求的合理间隔（一般为28天）提交中间索赔报告，并在干扰事件影响结束后的28天提交一份最终索赔报告。否则将失去干扰事件的索赔权利。

**4. 监理工程师审核索赔文件**

监理工程师是业主在项目现场的代表，是业主聘请的对工程项目施工过程进行监督和控制施工进度及工程成本工作的人员。监理工程师在业主授权的范围内，对承包人索赔的审核工作主要是判定索赔事件是否成立和核查承包人的索赔计算是否合理、正确两个方面。监理工程师必须对合同条件、协议条款等有详细的了解，并且以独立、客观的身份审查承包人索赔要求的正当性，以合同为依据来公平处理合同双方的利益纠纷。监理工程师在授权范围内可以初步确定索赔额度，或要求承包人修改索赔报告或补充证据等。最后监理工程师把索赔处理决定、批准给予补偿的费用和工期的结果通知承包人，并抄送业主。工程师对于索赔的处理决定不是终局性的，对业主和承包人都不具有强制性的约束力。

监理工程师应在收到索赔报告后 14 天内完成审查并报送发包人。监理工程师对索赔报告存在异议的，有权要求承包人提交全部原始记录副本。

**5. 发包人审查**

发包人根据事件发生的原因、责任范围、合同条款审核监理工程师的初步处理意见，批准后监理工程师才能签发有关证书。发包人应在监理工程师收到索赔报告或有关索赔的进一步证明材料后的 28 天内，由监理工程师向承包人出具经发包人签认的索赔处理结果。发包人逾期答复的，则视为认可承包人的索赔要求。

**6. 结果**

承包人接受索赔处理结果的，索赔款项在当期进度款中进行支付。

承包人不接受索赔处理结果的，可进行发包人、承包人和监理工程师三方协商。在协商过程中，工程师可以作为索赔争议的调解人，根据法律、法规及合同要求，合理调节发承包双方矛盾。经过多次协商仍无法对索赔事宜达成一致意见的，发包人和承包人可以按照合同约定的争议解决方式解决。

工程项目在实施过程中会发生大大小小的索赔，这里应该强调：合同双方应该在规定的期限内，争取在最早的时间和最低的管理层次内友好协商，解决索赔问题，不要轻易申请诉讼或仲裁。因为诉讼或仲裁会耗费双方大量的人力、财力和物力，对工程建设带来不利影响。

## 11.2.3　索赔文件的编制

**1. 索赔文件的组成**

索赔文件是合同一方向对方提出索赔的书面文件。它全面反映了一方当事人对一个或若干个索赔事件的所有要求和主张，对方当事人对索赔文件进行审核、分析和评价，做出认可、要求修改、反驳甚至拒绝的回答。索赔文件是双方进行索赔谈判或调解、仲裁、诉讼的依据，索赔文件的表达与内容对索赔的解决有重大影响，索赔方必须认真编写索赔文件。

索赔文件没有统一的格式要求，一般由以下内容组成：

（1）总述部分

总述部分是概要论述索赔事件发生的日期和过程，承包人为该事件所做的额外工作和费用损失，承包人的具体索赔要求。应通过总述部分把其他材料贯通起来，其主要内容包括：①说明索赔事件；②列举索赔理由；③提出索赔金额与工期；④附件说明。

（2）论证部分

论证部分是索赔报告的关键部分，其目的是说明自己有索赔权。主要是详细描述事件发生的时间、经过、原因、持续时间、影响范围、承包人采取的措施及向业主或工程报告的次数、事件结束时间等，还包括双方往来信函、会谈的经过及纪要、施工期间监理工程师的指令等。着重指出发包人（监理工程师）应承担的责任等，这是索赔能否成立的关键。要注意证据的真实性，合理引用法律和合同的有关规定，建立索赔事件与利益受损方的因果关系。

（3）索赔款项和工期计算部分

该部分包含各项索赔的明细数字及汇总数据，需列出费用损失或工期延长的计算基础、计算方法、计算公式、计算过程及计算结果。承包人应合理、正确地计算索赔款项与索赔工期。

（4）证据部分

1）索赔报告中所列举的事实、理由、影响因果关系等证明文件和证据资料；2）详细计算书，这是为了证实索赔金额的真实性而设置的，为了简明应大量运用图表。

**2. 索赔文件的编写要求**

编写索赔文件需要实际工作经验，索赔文件如果起草不当，会失去索赔方的有利地位和条件，使正当的索赔要求得不到合理解决。对于重大索赔或一揽子索赔应在律师或索赔专家的指导下进行。索赔文件的编制基本要求如下：

（1）符合实际

索赔事件应是客观存在、真实发生的，索赔事件的描述应实事求是、符合实际，这是索赔的基本要求。索赔文件与事实相符，这既关系到索赔的成败，也关系到企业的信誉。与事实相符的索赔文件，通常业主（监理工程师）审核后不会立即予以拒绝；相反，如果索赔文件中对事件的描述有夸大虚假成分、索赔要求缺乏根据，将使业主（监理工程师）对索赔企业产生不良印象、对索赔事件产生质疑，不利于索赔问题的最终解决。

（2）说服力强

要提高索赔文件说服力，要注意以下 3 个方面：

1）责任分析清楚、准确。符合实际的索赔要求，本身就具有说服力，除此之外，索赔文件中还要求责任分析清楚、准确。一般承包人的索赔所针对的事件都是由于非承包人责任而引起的，因此，在索赔报告中要善于引用法律和合同中的有关条款，详细、准确地分析并明确指出对方应负的全部责任，并附上有关证据材料，不可在责任分析上模棱两可、含糊不清。对事件叙述要清楚明确，不应包含任何估计或猜测。

2）强调事件的不可预见性和突发性。说明即使有经验的承包人对该事件也不可能有预见或有准备并且承包人为了避免和减轻该事件的影响和损失已尽了最大的努力，并及时采取了相应措施，使索赔理由更加充分，易于对方接受。

3）论述要有逻辑。索赔文件在内容上应组织合理、条理清楚，务必让对方快速地理解索赔的理由和依据。文件必须明确阐述由于索赔事件的发生和影响，使承包人的工程施工受到严重干扰，并为此延误了工期、增加了费用支出。应强调工程受到的影响、对方责任和索赔之间有直接的因果关系。

（3）计算准确

索赔文件中应完整列入索赔值的详细计算资料，指明计算依据、计算原则、计算方法、计算过程及计算结果的合理性，必要的地方应作详细说明。计算结果要反复校核，做到准确无误，要避免高估冒算。计算上的错误，尤其是夸大索赔款的计算错误，会给对方留下恶劣的印象，使对方会认为提出的索赔要求太不严肃，文件中必有其他多处弄虚作假，从而直接影响索赔的成功。

（4）简明扼要

索赔文件在内容上应结构合理、条理清楚，相关定义、论述、结论正确，逻辑性强，既能完整地反映索赔要求，又简明扼要，使对方很快地理解索赔的本质。索赔文件最好采用活页装订，印刷清晰。同时，用语应尽量婉转，避免使用强硬、不礼貌的语言。

## 任务 11.3　索赔的计算

在工程索赔中，索赔的目的有两个：一是费用的索赔，即获得经济上的补偿；二是工期索赔，即获得时间上的补偿。

11-3
索赔的
计算

### 11.3.1　费用索赔

**1. 费用索赔的概念**

费用索赔是指由于非承包人的原因造成施工成本增加而向业主申请补偿其额外增加费用的要求。承包人应根据合同条款中的有关规定向业主索取合同价款外的补偿。

**2. 费用索赔的组成**

索赔金额的计算，业主一般是以原合同中的适用价格为基础，或者以双方协商的价格为基础。实际上，进行合同变更、追加额外工作，可索赔费用的计算相当于一项工作的重新报价。索赔费用的主要组成部分，同工程款的计价内容相似。索赔费用按照现行规定，建设工程施工工程合同价包括人工费、材料费、施工机具使用费、企业管理费、利润、规费和税金。只有因非承包人引起的合同价的增加才能索赔，所以具体的索赔内容要按照各项费用的特点、条件进行分析论证。

（1）人工费

人工费主要包括生产工人的基本工资、工资津贴、加班费、奖金等。对于索赔费用中的人工费部分而言，人工费是指完成合同之外的额外工作所花费的人工费用、由于非承包人责任导致工效的降低所增加的人工费用、超过法定工作时间加班劳动、法定人工费增长以及非承包人责任工程延期导致的人员窝工费和工资上涨费等。

（2）材料费

材料费的索赔包括：由于索赔事项材料实际用量超过计划用量而增加的材料费；由于客观原因材料价格大幅度上涨；由于非承包人责任工程延期导致的材料价格上涨和超期储存费用（材料费中应包括运输费、仓储费以及合理的损耗费用。如果由于承包人管理不善，造成材料损坏和失效，则不能列入索赔计价）；非承包人原因致使额外低值易耗品使用等；业主或工程师要求变更工作性质、追加额外工作、改变施工工艺、施工顺序等，造成承包人的材料耗用量增加；在工程变更或业主延误时，造成承包人材料库存时间延长、材料采购滞后或采用代用材料等，从而引起材料单位成本的增加。

（3）施工机械使用费

施工机械使用费的索赔包括：由于完成额外工作增加的机械使用费；由于非承包人责任使工效降低而增加的机械使用费；由于业主或监理工程师原因导致机械停工的窝工费。窝工费的计算，如为租赁设备，一般按实际租金和调进调出费的分摊计算；如为承包人自有设备，一般按台班折旧费计算，而不能按台班费计算，因台班费中包括了设备使用费。

（4）分包费用

分包费用索赔指的是分包商费用的索赔费，一般包括人工费、材料费、机械使用费的索赔。分包商的索赔应如数列入总承包人的索赔款总额以内。

（5）现场管理费

索赔款中的现场管理费是指承包人完成额外工程、索赔事项工作以及工期延长期间的现场管理费，包括管理办公、通信、交通费等。

（6）利息

在索赔款额的计算中，经常包括利息。利息的索赔通常发生于拖期付款的利息或错误扣款的利息。具体利率在实践中可采用不同的标准，主要有这样几种规定：

1）按当时的银行贷款利率；

2）按当时的银行透支利率；

3）按合同双方协议的利率；

4）按中央银行贴现率加3个百分点。

（7）总部（企业）管理费

索赔款中的总部管理费主要指的是工程延期期间所增加的管理费，包括总部职工工资、办公大楼、办公用品、财务管理、通信设施以及总部领导人员赴工地检查指导工作等开支。这项索赔款的计算，目前还没有统一的方法。

（8）利润

针对不同的索赔事件，利润索赔的成功率是不同的。以下几种情况承包人可以提出利润索赔：因设计变更等变更引起的工程量增加；施工范围变更、施工条件变化、业主的原因终止或放弃合同带来预期利润损失、合同延期导致机会利润损失等。一般来说，由于业主未能提供现场、设计图纸有误、工程范围的变更等引起的索赔，承包人可以列入利润，但对于工程暂停的索赔却很难成立。因为利润通常是包括在每项工作的综合单价里面，而延长工期并不意味削减或取消某些项目的实施，所以并未导致利润减少。一般监理工程师很难同意在工程暂停的费用索赔中加进利润损失。索赔利润的款额计算通常是与原报价单中的利润百分率保持一致。

## 11.3.2　工期索赔

**1. 工期延误**

（1）工期延误的概念

工期是指工程从开工到竣工所经历的日历天数。工期延误是指工程实施过程中任何一项或多项工作的实际完成日期迟于计划规定的完成日期，从而导致整个合同工期的延长。工期是施工合同中的重要条款之一，涉及业主和承包人多方面的权利和义务关系。工期延误会对业主和施工单位双方都造成损失，业主会因不能按时将工程投入使用，回收投资成本，从而损失市场和减少盈利；施工单位会因工期延误导致施工成本上升、企业信誉下降、生产效率降低，甚至可能承担合同规定的工期延误的罚款。所以业主和施工单位都不愿意承担工期延误给自己带来的损失。

对于承包人来说，工期索赔的目的主要是要减少工期延误造成的损失，尽量减少、甚至免去承包方对发生了工期延误事件的责任，降低罚款金额，提高工程盈利。

（2）工期延误的原因

一般来说，造成工期延误的主要原因有 3 个：业主和监理工程师因素；施工单位因素；不可抗力因素。工期延误可以是单因素造成，但多数情况都是由多因素混合造成。

1）业主和监理工程师的因素。业主未能及时交付合格的施工现场；在项目前期阶段，业主没有及时完成征地、拆迁、安置；业主未能及时取得有关部门批准的施工许可证等文件，导致施工单位不能按时进场，拖延工期；业主未能按合同规定的时间和数量向承包人交付施工图纸，导致承包人无法进行施工准备；业主或工程师未能及时审批图纸、施工方案、施工计划等；业主未能及时支付预付款或工程款；业主提供的设计数据或工程数据有误，例如测量放线数据不准；业主自行发包的工程未能及时完工或其他承包人违约导致的工程延误；业主或工程师拖延关键线路上工序的验收时间导致下道工序施工延误；业主或工程师发布暂停施工指令导致延误；业主或工程师设计变更导致工程延误或工程量增加；业主或工程师提供的数据错误导致的延误；业主未能及时提供合同规定的材料或设备等。

2）承包人的因素。包括：施工组织不当，出现窝工或停工待料等现象；施工材料或施工质量不符合合同要求而造成返工；资源配置不足；开工延误；劳动生产率低；分包商或供货商延误等。

3）不可抗力因素。不可抗拒的自然灾害导致的延误、特殊风险（如战争或叛乱等）的延误、不利的施工条件或外界障碍引起的延误等。

（3）可索赔延误

可索赔延误是指由于非承包人原因引起的工程延误，且该延误处于关键线路上，会影响总工期。承包人可提出索赔且业主应给予承包人相应的合理补偿。

根据索赔内容的不同，可索赔延误分为以下 3 种情况：

1）只可索赔工期的延误。这类延误主要是由不可抗力因素造成的，这是承发包双方都不可预料和控制的干扰事件。例如百年一遇的暴雨、地震、泥石流等异常恶劣气候条件、社会政治事件、其他第三方等原因造成的延误。对于这类延误，一般合同规定：业主只给予承包人延长工期，不给予费用损失的补偿。

2）只可索赔费用的延误。这类延误是指非承包人原因引起的，且延误事件发生在非关键线路上，对项目总工期没有影响，但对承包人造成了费用损失。在这种情况下，承包人不能要求延长工期，但可要求业主补偿费用损失，前提是承包人必须证明其受到了损失或发生了额外费用。例如，因延误事件造成人工费、材料费增加、施工机械空闲等。

3）可索赔工期和费用的延误。这类延误主要是由于业主或工程师的原因而导致工程的工期延误和承包人的费用损失。例如，建设单位未按合同规定交付设计文件致使工期延误、业主未按规定日期交付施工场地、建设单位供应材料延期等。在这种情况下，承包人有权向业主索赔工期和费用补偿。

一般情况下，由于业主对工期要求的特殊性，即使因建设单位原因造成工期延误，发包方也不批准任何工期的延长，即业主愿意承担工期延误的责任，却不希望延长总工期。这种做法的实质是要求承包人加速施工，由于加速施工所采取的各种措施而多支出的费用，就是承包人提出费用补偿的依据。

**2. 工期索赔的依据**

工期索赔的依据主要有：

（1）业主和承包人认可合同约定的工程进度计划、网络图、横道图、合同总工期；

（2）业主和承包人认可的月、季、旬进度实施计划；

（3）业主和承包人认可的资料，如会议纪要、来往信件、确认信等；

（4）施工现场的施工日志、气象资料、工程进度报告；

（5）业主或工程师的变更指令；

（6）影响工期的干扰事件的详细资料；

（7）受干扰后的工程的实际工程进度证明文件；

（8）其他有关工期的资料等。

以上资料和工程施工合同中关于工期索赔的规定，都可以作为工期索赔的法律依据。

11-4
工期索赔
的流程

**3. 工期索赔的流程**

工期索赔流程如图 11-2 所示。

**4. 工期索赔的计算思路**

发生索赔事件后，承包人关于工期的索赔必须有理有据且计算方法应该合理，工期索赔计算中一个重要问题就是如何计算"延长工期"。一般情况，在工程施工过程中出现完全停工的事件是较少见的，大部分情况仅是工程进度的放缓，而只有在关键线路上的延误才能引起工期的延长。

常用的工期索赔值计算可以通过将合同工期值与实际工期值进度对比得到。对比的重点是关键线路，因为关键线路是总工期的决定因素。

在计算过程中，将受到干扰事件影响的工序或工作的持续时间代入网络计划中，得到新的工期。将新工期与原合同工期对比，其关键线路上的时间差值即为工期索赔值。一般来说，如果受干扰的活动位于关键线路上，则受影响工序持续时间的延长值作为工期索赔值；如果该活动位于非关键线路上，持续时间改变后仍在非关键线路上，则此活动对总工期并无影响，也不能就此提出工期索赔。需要注意是，实际施工过程中，网络计划是动态调整的，工期索赔也随之调整。

所以，工期索赔计算的基本思路归结起来有三点：

（1）确定干扰事件是非承包人原因造成；

（2）确定干扰事件对工程活动持续时间的影响；

（3）确定干扰事件发生在关键线路上，通过新旧网络计划对比分析可得到总工期的差值即工期索赔值。

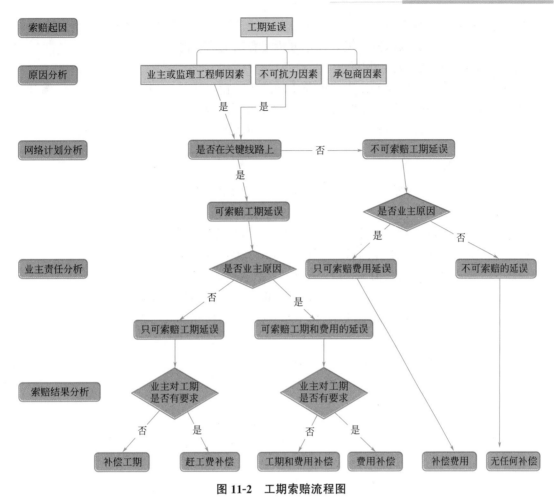

图 11-2　工期索赔流程图

**5. 工期索赔的计算方法**

在实际工程中通常采用以下两种计算工期索赔值：

（1）网络分析法

在实际工程中，影响工期的索赔事件可能有很多，每个索赔事件的影响程度也都不一样，有的直接在关键线路上，有的不在关键线路上，多个索赔事件的共同影响结果究竟是多少，可能会引起合同双方很大的争议，采用网络分析方法是比较科学合理的方法，其思路是：假设工程一直按原网络计划确定的施工顺序和工期施工，当一个或多个干扰事件发生后，使网络中的某个或某些工作受到干扰而延长施工持续时间，从而影响总工期。将这些受干

11-5
索赔的
计算例题
及解析1

11-6
索赔的
计算例题
及解析2

扰后的新工作的持续时间代入网络中，重新进行网络分析和计算，得到的新总工期与原总工期之间的时间差值就是索赔事件对总工期的影响，也就是承包人可以提出的工期索赔值。网络分析方法通过分析索赔事件发生前和发生后网络计划的新旧工期之差来计算工期索赔值，可以用于各种索赔事件和多种索赔事件共同作用所引起的工期索赔。

（2）比例分析法

网络计算法相对来说较为科学合理，需要依靠计算机的网络分析程序才能完成。比例

分析法通过分析索赔事件对单项工程、单位工程或分部分项工程的工期天数与合同总天数的比值，计算需要增加或减少工期。比例分析法有以下两种情况：

1）按工程量的比例进行分析

例如：某工程主体结构施工中，因业主的原因，使工程量由原计划的 2000m³ 增加到 2500m³，原定工期是 30 天，则承包人可以提出的工期索赔值是：

工期索赔值＝原工期×新增工程量/原工程量＝$30 \times [(2500-2000)/2000] = 7.5$ 天

实际工程中，工程量增减 10％范围以内是承包人应承担的风险。若按照该条款执行，则工期索赔值应该是：

$$工期索赔值 = 30 \times [(2500-2000 \times 110\%)/2000] = 4.5 \text{ 天}$$

2）按工程造价的比例进行分析

例如：某工程施工中，业主改变办公楼工程装修设计图纸标准，使工程延期 40 天，工程合同价为 800 万元，施工过程中某分部工程增加额外工程造价 100 万元，则承包人就该分部工程提出的工期索赔值为：

总工期索赔值＝受干扰后拖延的工期×受干扰事件影响部分的工程造价/整个工程合同总价

$$= 40 \times 100/800 = 5 \text{ 天}$$

# 项目 12

## 合同纠纷管理

 教学目标

### 1. 知识目标

（1）掌握合同纠纷的解决方式，了解各种方式的特点；

（2）熟悉合同纠纷的产生原因；

（3）掌握司法解释关于合同效力、工期、工程款支付、工程质量等纠纷的认定；

（4）理解建设工程价款优先受偿权的概念，掌握可以行使建设工程价款优先受偿权的情形、期限等相关法律规定。

### 2. 能力目标

（1）能根据不同的纠纷类型选择合适的纠纷解决方式；

（2）能根据不同的纠纷原因选择合适的防范措施；

（3）能根据法律相关规定分析解决案例问题。

### 3. 思政目标

（1）强化用法律解决纠纷的意识；

（2）强调严谨的工作态度，树立事前防范的意识。

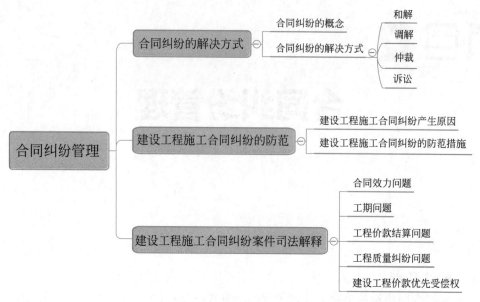

在合同履行过程中，我们要注重纠纷的防范。一旦发生纠纷，要根据法律规定，采取适当方式解决。

## 任务 12.1　合同纠纷的解决方式

### 12.1.1　合同纠纷的概念

**1. 合同纠纷**

合同纠纷，也称合同争议，是指合同当事人之间因合同的生效、解释、履行、变更、终止等行为而引起的争议。

**2. 合同纠纷的特点**

（1）主体特定。合同纠纷主要发生在订立合同的双方或多方当事人之间。涉及第三人的情况也存在，但并不多见。

（2）属于民事纠纷。签订合同的当事人是平等主体的公民、法人或其他组织，合同行为是民事法律行为。因此，合同纠纷从本质上说是一种民事纠纷，民事纠纷应通过民事方式来解决，如和解、调解、仲裁或诉讼等。

（3）纠纷内容多样。合同纠纷的内容涉及合同本身内容的各个方面，几乎与合同有关的每个方面都会引起纠纷。

## 12.1.2　合同纠纷的解决方式

《中华人民共和国民法典》第十条规定："处理民事纠纷，应当依照法律；法律没有规定的，可以适用习惯，但是不得违背公序良俗。"

通常，合同纠纷的解决方式有四种，即和解、调解、仲裁和诉讼。

**1. 和解**

和解是指纠纷的当事人在自愿互谅的基础上，自行协商解决合同纠纷的一种方式。

和解具有以下特征：

（1）和解既不会影响团结合作，还可以节省时间及人力物力，是解决纠纷的首选方式。

（2）不具有强制执行力，依靠当事人的自觉履行。

（3）和解不是解决合同纠纷必经的程序。

**2. 调解**

合同纠纷的调解，是指双方当事人自愿在第三者的主持下，在查明事实、分清是非的基础上，由第三者对纠纷双方当事人进行说明劝导，促使他们互谅互让、达成协议，从而公正合理的解决纠纷的一种方式。

调解有以下特征：

（1）调解是在第三者的主持下进行的，"第三者"可以是法院或仲裁机构，也可以是组织或者个人，这与双方自行和解有着明显的不同。

（2）主持调解的第三者在调解中只是劝导双方当事人互相谅解，达成调解协议而不是做出裁决，这表明调解和仲裁不同。

（3）一般的个人和组织的调解不具有强制执行力。

（4）调解不是解决合同纠纷必经的程序。

**3. 仲裁**

仲裁是指合同双方当事人在纠纷发生之前或发生之后，签订书面协议，自愿将纠纷提交双方所同意的仲裁委员会予以裁决，以解决纠纷的一种方式。

仲裁协议有两种形式：一种是在争议发生之前订立的，它通常作为合同中的一项仲裁条款出现；另一种是在争议之后订立的，它是把已经发生的争议提交给仲裁的协议。这两种形式的仲裁协议，其法律效力是相同的。

仲裁有以下特征：

（1）仲裁的适用范围。《中华人民共和国仲裁法》第二条规定，平等主体的公民、法人和其他组织之间发生的合同纠纷和其他财产权益纠纷，可以仲裁。同时规定，婚姻、收养、监护、扶养、继承等因人身关系和与人身关系相联系的财产关系而产生的纠纷，以及行政争议不能仲裁。

（2）仲裁的自愿性。当事人的自愿性是仲裁最突出的特点。仲裁以双方当事人的自愿为前提，即是否要仲裁是由双方当事人协商确定的，双方同意才能申请仲裁。

（3）或裁或审制度。该制度的其含义是，当事人达成书面仲裁协议的，应当向仲裁机构申请仲裁，不能向法院起诉，人民法院也不受理有仲裁协议的起诉。也就是说，争议解决的方式中，"仲裁"和"诉讼"只能选其一，这是尊重当事人选择解决争议途径的一项制度。

（4）一裁终局。仲裁裁决做出后，当事人就同一纠纷再申请仲裁或者向人民法院起诉的，仲裁委员会或者人民法院不予受理。

（5）具有强制执行力。

### 4. 诉讼

诉讼是指纠纷当事人通过向具有管辖权的人民法院起诉另一方当事人，人民法院根据合同当事人的请求，审理和解决合同争议的活动。

诉讼与其他纠纷解决方式相比较，具有以下几个特点：

（1）合同纠纷属于民事纠纷，采用诉讼方式解决的，适用民事诉讼。

（2）人民法院对合同纠纷案件具有法定的管辖权，只要一方当事人向有管辖权的法院起诉，法院就有权依法受理。

（3）两审终审。我国诉讼程序采用的是两审终审制，即一个案件经过两级人民法院审理即告终结的法律制度。

（4）具有强制执行力。

## 任务 12.2　建设工程施工合同纠纷的防范

12-1
合同纠纷
的防范

由于施工合同具有合同履行周期长、标的金额大、不定因素多、涉及方面广等一系列特点，建设工程施工合同纠纷案件数量不断上升，其内容、涉及层面、案件事实等情况错综复杂，在施工合同订立、履行以及终止的各个阶段，均可能出现纠纷，现就建设工程施工合同纠纷产生的原因进行分析，进而提出防范措施，以期减少建设工程施工合同纠纷，使建设工程相关方的目标得以实现。

### 12.2.1　建设工程施工合同纠纷产生原因

#### 1. 合同文本不规范

国家工商总局、住房和城乡建设部为规范建筑市场的合同文本制定了《建设工程施工合同（示范文本）》，以全面体现承发包双方的责任、权利和风险。但有些发包人为了回避自己的风险，在签订合同时，不采用标准的合同文本，而是采用一些自制的、不规范的文本进行签约。通过笼统的、含糊的文本条件，避重就轻，转嫁工程风险。有的甚至采用口头委托和政府命令的方式下达任务，待工程完工后，再补签合同，这样的合同根本起不到任何约束作用。

#### 2. "阴阳合同"充斥市场，严重扰乱建筑市场秩序

有些业主以种种理由和借口，在和承包商按照招标文件签订"阳合同"供建设行政主管部门审查备案外，另私下再与承包商签订一份在施工活动中实际履行的"阴合同"，因其内容与原合同相违背，形成了违法的合同。这种工程承发包双方责任、利益不对等的"阴阳合同"，为合同履行埋下了隐患，违反了国家有关法律法规，严重损害了承包商利

益，并将直接影响工程建设目标的实现，进而给承发包方都带来不可避免的损失。

3. 建设工程施工合同有失公正，合同双方权利、义务不对等

从目前实施的建设工程施工合同来看，施工合同中绝大多数条款是对发包方指定的，其中多数强调了承包方的义务，对发包方的制约条款偏少，特别是针对发包方违约、赔偿等方面的约定不清晰不具体，也缺少行之有效的处罚方法。同时，由于目前建筑市场的激烈竞争和不规范管理，大量的施工队伍与建设规模严重失衡，致使发包方在建设工程承发包中占据主导地位，提出一些苛刻和不平等的条件，将自身的风险转移到承包商身上，承包商为了获取工程项目也只能接受。在实施这样的施工合同时，承包商为了使自己的利益不受损失，采取偷工减料或非法分包甚至违法转包的行为，给工程建设带来隐患，同时，也不可避免地导致了纠纷的发生。

4. 合同索赔工作难以实现

索赔是合同和法律赋予受损者的权利，对于承包商来说是一种保护自己、维护正当权益、避免损失、增加利润的手段。由于建筑市场的过度竞争，不平等合同条件等问题，给索赔工作造成了许多干扰因素，再加上承包商自我保护意识淡薄，缺少有效的索赔依据，导致合同索赔难以进行。

5. 建设工程施工合同履约程度低，违约现象严重

有些工程施工合同的签约双方都不认真履行合同，违约现象时有发生，特别是发包方。如：业主暗中以垫资为条件，违法发包；在施工过程中业主不按照合同约定支付工程款；建设工程竣工验收合格后，发包人不及时办理竣工结算，甚至部分业主已使用工程多年，仍以种种理由拒付工程款，严重拖欠工程款。承包商不按约定组织施工，致使工程延期、质量低劣，也是违约行为的主要表现。

6. 签订转包和违法分包合同的情况屡禁不止

一些承包商为了获得建设项目承包资格不惜以低价中标，在中标之后又将工程肢解以更低价格非法转包给一些没有资质的小型施工队伍，这些承包商缺乏对承包工程的基本控制和监督手段，对工程进度、质量造成严重影响，最终形成与业主及转包者的矛盾和纠纷。

7. 租借他人资质或承包与自身资质不相符的建筑工程的现象仍然存在

有些不法承包商在自己不具有或不具备相应建设项目施工资质的情况下，为了能承揽工程，非法租借其他单位资质参加工程投标，以不合法手段获得承包资格，签订无效合同。同时，一些建筑企业利用不法手段获得承包资质，专门从事资质证件租用业务，非法谋取私利。这些行为不仅严重妨碍了建筑市场的秩序，同时也增加了施工合同纠纷产生的机会。

## 12. 2. 2　建设工程施工合同纠纷的防范措施

1. 坚持推行和使用《建设工程施工合同（示范文本）》

合同是合同当事人确定权利义务的基础，是发承包双方实现权利的最重要的凭证，建设施工合同一经成立生效，双方的权利义务就将确定。因此，合同用语要规范，力求简洁明了，杜绝含糊其辞或模棱两可，使双方对合同的理解不易产生偏差和争议，从而降低纠纷发生的概率。

在合同的形式上，根据《中华人民共和国民法典》规定，建设工程施工合同是要式合同，必须采用书面形式。建设工程施工合同中涉及的建设工程周期长、涉及面广、内容复杂、质量要求高，在合同履行中对双方权利义务和责任要求应当有具体明确的约定。只有采取书面形式订立，才能保证合同内容的确定性和合同的顺利履行，避免或减少纠纷。

为使合同更加规范，在实际工作中应使用《建筑工程施工合同（示范文本）》GF-2017-0201。该合同从工程项目、工程款支付、双方权利义务、违约责任等多角度多层次地对发包方、承包方的权利义务予以均衡、合理的约定。使用该合同，是预防纠纷产生的重要手段和对策。

**2. 坚决抵制和杜绝不平等、不合法合同的出现**

随着中国市场经济的不断完善，权利意识已经深入民心，企业管理也逐渐走向法治化。目前建筑市场虽然是以发包方为主导的买方市场，但作为施工企业，在经营管理中要树立权利意识，不能无原则的满足发包方要求，如签订"阴阳合同"，甚至以牺牲自身正当利益或涉及非法活动为代价，这样最终只会使企业陷入纠纷，令双方两败俱伤。因此，在工程建设项目的谈判中，一定要以平等为前提，充分维护自身权利，保证双方签订的合同合法、有效并不失公正，消除纠纷的源头。

**3. 审查建设手续**

有些建设工程项目未经有关部门审批或者建设方的建设意图超越审批范围，如果承包方匆忙承建，此工程很可能陷于困境，为以后索要工程款造成障碍。例如，规划部门规划建五层，而发包方却想建到五层以上，如果承包方按发包方意图建设，建设过程中很可能会遭到规划部门勒令停工，承包方势必进入僵局。再如，承包方按发包方意图把楼建设到五层以上，事后，该工程被城建规划部门勒令拆除，承包方主张索赔五层以上部分的工程款就有了难度。

**4. 慎重选择合作伙伴**

随着市场竞争的日趋激烈，一些承包企业很难揽到工程，所以对工程项目格外珍惜，这种心理容易使承包企业忽视对合作伙伴诚信度的考察，往往落得"干了活拿不到钱"的结局。慎重选择合作伙伴非常重要，合作伙伴的资信能力对承包企业的权利实现至关重要，所以必须要对合作伙伴的情况有所了解，主要了解合作伙伴的股东构成、企业信誉、有无违约违纪记录、负债情况、主要固定资产现状、项目资金的来源、到位及监管情况等。

**5. 完善施工手续**

相当一部分工程款纠纷是因承包方手续不完善，无法取得证据而给对方可乘之机，这种情况下处理纠纷就很被动。故施工过程中，手续一定要完备。比如，工程图纸设计的更改、选材的变更、施工项目的增加等要有变签单，而且变签单一定要有对方施工代表、监理的签字。

## 任务 12.3　建设工程施工合同纠纷案件司法解释

司法解释，是指国家最高司法机关在适用法律过程中对具体应用法律问题所做的解释，包括审判解释和检察解释两种。关于建设工程施工合同纠纷，最高人民法院于 2004 年 9 月通过了《关于审理建设工程施工合同纠纷案件适用法律问题的解释》，2018 年 10 月又通过了《关于审理建设工程施工合同纠纷案件适用法律问题的解释（二）》。

这些司法解释针对施工领域中的大量问题进行了规定，针对现行法律规范中未能清晰阐述的事项及范围进行解释说明，为规范企业管理、依法处理争议提供了很好的依据，对我国建设施工合同关系产生了深远的影响。

关于建设工程施工合同纠纷的司法解释主要内容包括了合同效力、工程价款结算问题、工期问题、质量问题、鉴定问题、建设工程价款优先受偿权等。

## 12.3.1　合同效力问题

**1. 无效的建设工程施工合同**

（1）司法解释中明确了建设工程施工合同具有下列情形之一的，应当认定无效：

1）承包人未取得建筑施工企业资质或者超越资质等级的；

2）没有资质的实际施工人借用有资质的建筑施工企业名义的；

3）建设工程必须进行招标而未招标或者中标无效的；

4）承包人非法转包建设工程的；

5）承包人违法分包建设工程的。

（2）招标人和中标人在中标合同之外就明显高于市场价格购买承建房产、无偿建设住房配套设施、让利、向建设单位捐赠财物等另行签订合同，变相降低工程价款，一方当事人以该合同背离中标合同实质性内容为由请求确认无效的，人民法院应予支持。

（3）当事人以发包人未取得建设工程规划许可证等规划审批手续为由，请求确认建设工程施工合同无效的，人民法院应予支持，但发包人在起诉前取得建设工程规划许可证等规划审批手续的除外。

**2. 可以解除的建设工程施工合同**

（1）发包人行使解除权

承包人具有下列情形之一，发包人请求解除建设工程施工合同的，应予支持：

1）明确表示或者以行为表明不履行合同主要义务的；

2）合同约定的期限内没有完工，且在发包人催告的合理期限内仍未完工的；

3）已经完成的建设工程质量不合格，并拒绝修复的；

4）将承包的建设工程非法转包、违法分包的。

（2）承包人行使解除权

发包人具有下列情形之一，致使承包人无法施工，且在催告的合理期限内仍未履行相应义务，承包人请求解除建设工程施工合同的，应予支持：

1）未按约定支付工程价款的；

2）提供的主要建筑材料、建筑构配件和设备不符合强制性标准的；

3）不履行合同约定的协助义务的。

## 12.3.2 工期问题

**1. 关于开工日期的认定**

《关于审理建设工程施工合同纠纷案件适用法律问题的解释（二）》第五条规定："当事人对建设工程开工日期有争议的，人民法院应当分别按照以下情形予以认定：

（1）开工日期为发包人或者监理人发出的开工通知载明的开工日期；开工通知发出后，尚不具备开工条件的，以开工条件具备的时间为开工日期；因承包人原因导致开工时间推迟的，以开工通知载明的时间为开工日期。

（2）承包人经发包人同意已经实际进场施工的，以实际进场施工时间为开工日期。

（3）发包人或者监理人未发出开工通知，亦无相关证据证明实际开工日期的，应当综合考虑开工报告、合同、施工许可证、竣工验收报告或者竣工验收备案表等载明的时间，并结合是否具备开工条件的事实，认定开工日期。"

**2. 关于竣工日期的认定**

（1）建设工程经竣工验收合格的，以竣工验收合格之日为竣工日期。

（2）承包人已经提交竣工验收报告，发包人拖延验收的，以承包人提交验收报告之日为竣工日期。

（3）建设工程未经竣工验收，发包人擅自使用的，以转移占有建设工程之日为竣工日期。

**3. 关于工期顺延**

《关于审理建设工程施工合同纠纷案件适用法律问题的解释（二）》第六条规定："当事人约定顺延工期应当经发包人或者监理人签证等方式确认，承包人虽未取得工期顺延的确认，但能够证明在合同约定的期限内向发包人或者监理人申请过工期顺延且顺延事由符合合同约定，承包人以此为由主张工期顺延的，人民法院应予支持。

当事人约定承包人未在约定期限内提出工期顺延申请视为工期不顺延的，按照约定处理，但发包人在约定期限后同意工期顺延或者承包人提出合理抗辩的除外。"

工期索赔问题是建设工程案件中的疑难问题之一，《关于审理建设工程施工合同纠纷案件适用法律问题的解释（二）》第五条总结了法院裁判经验，强调实际开工日期是事实问题，应当以客观事实发生为准，同时强调工程开工应当具备开工条件。第六条针对示范文本和工程索赔实践中承包人经常遇到的工期索赔失权问题，规定只要承包人能够证明按照合同约定曾经申请过工期顺延，或者发包人在合同约定工期索赔期限后同意工期顺延，则承包人有权利继续主张工期顺延。

## 12.3.3 工程价款结算问题

**1. 合同不一致时的工程价款结算**

（1）当事人就同一建设工程另行订立的建设工程施工合同（黑合同或阴合同）与经过备案的中标合同（白合同或阳合同）实质性内容不一致的，应当以备案的中标合同作为结算工程价款的根据。

（2）发包人将依法不属于必须招标的建设工程进行招标后，与承包人另行订立的建设工程施工合同背离中标合同的实质性内容，当事人请求以中标合同作为结算建设工程价款依据的，人民法院应予支持，但发包人与承包人因客观情况发生了在招标投标时难以预见的变化而另行订立建设工程施工合同的除外。

（3）当事人签订的建设工程施工合同与招标文件、投标文件、中标通知书载明的工程范围、建设工期、工程质量、工程价款不一致，一方当事人请求将招标文件、投标文件、中标通知书作为结算工程价款的依据的，人民法院应予支持。

**2. 合同无效时的工程价款结算**

（1）建设工程施工合同无效，但建设工程经竣工验收合格，承包人请求参照合同约定支付工程价款的，应予支持。

（2）当事人就同一建设工程订立的数份建设工程施工合同均无效，但建设工程质量合格，一方当事人请求参照实际履行的合同结算建设工程价款的，人民法院应予支持。实际履行的合同难以确定，当事人请求参照最后签订的合同结算建设工程价款的，人民法院应予支持。

（3）建设工程施工合同无效，且建设工程经竣工验收不合格的，按照以下情形分别处理：

1）修复后的建设工程经竣工验收合格，发包人请求承包人承担修复费用的，应予支持；

2）修复后的建设工程经竣工验收不合格，承包人请求支付工程价款的，不予支持。

**3. 合同解除后的工程价款结算**

（1）建设工程施工合同解除后，已经完成的建设工程质量合格的，发包人应当按照约定支付相应的工程价款。

（2）已经完成的建设工程质量不合格的，参照无效合同工程质量不合格的情形处理。

## 12.3.4　工程质量纠纷问题

**1. 承包人可以请求发包人返还工程质量保证金的情形**

有下列情形之一，承包人请求发包人返还工程质量保证金的，人民法院应予支持：

（1）当事人约定的工程质量保证金返还期限届满。

（2）当事人未约定工程质量保证金返还期限的，自建设工程通过竣工验收之日起满两年。

（3）因发包人原因建设工程未按约定期限进行竣工验收的，自承包人提交工程竣工验收报告 90 日后起至当事人约定的工程质量保证金返还期限届满；当事人未约定工程质量保证金返还期限的，自承包人提交工程竣工验收报告 90 日后起满两年。

发包人返还工程质量保证金后，不影响承包人根据合同约定或者法律规定履行工程保修义务。

**2. 发包人要承担质量缺陷过错的情形**

发包人具有下列情形之一，造成建设工程质量缺陷，应当承担过错责任：

（1）提供的设计有缺陷。

（2）提供或者指定购买的建筑材料、建筑构配件、设备不符合强制性标准。

（3）直接指定分包人分包专业工程。

**3. 建设工程未经竣工验收，发包人擅自使用发生质量纠纷的处理**

建设工程未经竣工验收，发包人擅自使用后，又以使用部分质量不符合约定为由主张权利的，不予支持；但是承包人应当在建设工程的合理使用寿命内对地基基础工程和主体结构质量承担民事责任。

## 12.3.5　建设工程价款优先受偿权

优先受偿权是法律规定的特定债权人优先于其他债权人甚至优先于其他物权人受偿的权利。发包人未按照约定支付价款的，承包人可以催告发包人在合理期限内支付价款。发包人逾期不支付的，除按照建设工程的性质不宜折价、拍卖的以外，承包人可以与发包人协议将该工程折价，也可以申请人民法院将该工程依法拍卖。建设工程的价款就该工程折价或者拍卖的价款优先受偿。

**1. 可以行使优先受偿权的情形**

（1）与发包人订立建设工程施工合同的承包人，请求其承建工程的价款就工程折价或者拍卖的价款优先受偿的，人民法院应予支持。

（2）装饰装修工程的承包人，请求装饰装修工程价款就该装饰装修工程折价或者拍卖的价款优先受偿的，人民法院应予支持，但装饰装修工程的发包人不是该建筑物的所有权人的除外。

（3）未竣工的建设工程质量合格，承包人请求其承建工程的价款就其承建工程部分折价或者拍卖的价款优先受偿的，人民法院应予支持。

**2. 特殊情形**

消费者交付购买商品房的全部或者大部分款项后，承包人就该商品房享有的工程价款优先受偿权不得对抗买受人。

**3. 行使优先权的期限**

承包人行使建设工程价款优先受偿权的期限为六个月，自发包人应当给付建设工程价款之日起算。

**4. 建设工程价款优先受偿权范围**

建设工程价款包括承包人为建设工程应当支付的工作人员报酬、材料款等实际支出的费用，还包括施工机具使用费、企业管理费、利润、规费和税金等，不包括承包人因发包人违约所造成的损失。

# 附录 A 《中华人民共和国招标投标法》

## 第一章 总 则

**第一条** 为了规范招标投标活动，保护国家利益、社会公共利益和招标投标活动当事人的合法权益，提高经济效益，保证项目质量，制定本法。

**第二条** 在中华人民共和国境内进行招标投标活动，适用本法。

**第三条** 在中华人民共和国境内进行下列工程建设项目包括项目的勘察、设计、施工、监理以及与工程建设有关的重要设备、材料等的采购，必须进行招标：

（一）大型基础设施、公用事业等关系社会公共利益、公众安全的项目；

（二）全部或者部分使用国有资金投资或者国家融资的项目；

（三）使用国际组织或者外国政府贷款、援助资金的项目。

前款所列项目的具体范围和规模标准，由国务院发展计划部门会同国务院有关部门制订，报国务院批准。

法律或者国务院对必须进行招标的其他项目的范围有规定的，依照其规定。

**第四条** 任何单位和个人不得将依法必须进行招标的项目化整为零或者以其他任何方式规避招标。

**第五条** 招标投标活动应当遵循公开、公平、公正和诚实信用的原则。

**第六条** 依法必须进行招标的项目，其招标投标活动不受地区或者部门的限制。任何单位和个人不得违法限制或者排斥本地区、本系统以外的法人或者其他组织参加投标，不得以任何方式非法干涉招标投标活动。

**第七条** 招标投标活动及其当事人应当接受依法实施的监督。

有关行政监督部门依法对招标投标活动实施监督，依法查处招标投标活动中的违法行为。

对招标投标活动的行政监督及有关部门的具体职权划分，由国务院规定。

## 第二章 招 标

**第八条** 招标人是依照本法规定提出招标项目、进行招标的法人或者其他组织。

**第九条** 招标项目按照国家有关规定需要履行项目审批手续的，应当先履行审批手续，取得批准。

招标人应当有进行招标项目的相应资金或者资金来源已经落实，并应当在招标文件中如实载明。

**第十条** 招标分为公开招标和邀请招标。

公开招标，是指招标人以招标公告的方式邀请不特定的法人或者其他组织投标。

邀请招标，是指招标人以投标邀请书的方式邀请特定的法人或者其他组织投标。

**第十一条** 国务院发展计划部门确定的国家重点项目和省、自治区、直辖市人民政府确定的地方重点项目不适宜公开招标的，经国务院发展计划部门或者省、自治区、直辖市人民政府批准，可以进行邀请招标。

**第十二条** 招标人有权自行选择招标代理机构，委托其办理招标事宜。任何单位和个人不得以任何方式为招标人指定招标代理机构。

招标人具有编制招标文件和组织评标能力的，可以自行办理招标事宜。任何单位和个人不得强制其委托招标代理机构办理招标事宜。

依法必须进行招标的项目，招标人自行办理招标事宜的，应当向有关行政监督部门备案。

**第十三条** 招标代理机构是依法设立、从事招标代理业务并提供相关服务的社会中介组织。

招标代理机构应当具备下列条件：

（一）有从事招标代理业务的营业场所和相应资金；

（二）有能够编制招标文件和组织评标的相应专业力量。

**第十四条** 招标代理机构与行政机关和其他国家机关不得存在隶属关系或者其他利益关系。

**第十五条** 招标代理机构应当在招标人委托的范围内办理招标事宜，并遵守本法关于招标人的规定。

**第十六条** 招标人采用公开招标方式的，应当发布招标公告。依法必须进行招标的项目的招标公告，应当通过国家指定的报刊、信息网络或者其他媒介发布。

招标公告应当载明招标人的名称和地址、招标项目的性质、数量、实施地点和时间以及获取招标文件的办法等事项。

**第十七条** 招标人采用邀请招标方式的，应当向三个以上具备承担招标项目的能力、资信良好的特定的法人或者其他组织发出投标邀请书。

投标邀请书应当载明本法第十六条第二款规定的事项。

**第十八条** 招标人可以根据招标项目本身的要求，在招标公告或者投标邀请书中，要求潜在投标人提供有关资质证明文件和业绩情况，并对潜在投标人进行资格审查；国家对投标人的资格条件有规定的，依照其规定。

招标人不得以不合理的条件限制或者排斥潜在投标人，不得对潜在投标人实行歧视待遇。

**第十九条** 招标人应当根据招标项目的特点和需要编制招标文件。招标文件应当包括招标项目的技术要求、对投标人资格审查的标准、投标报价要求和评标标准等所有实质性要求和条件以及拟签订合同的主要条款。

国家对招标项目的技术、标准有规定的，招标人应当按照其规定在招标文件中提出相应要求。

招标项目需要划分标段、确定工期的，招标人应当合理划分标段、确定工期，并在招标文件中载明。

**第二十条** 招标文件不得要求或者标明特定的生产供应者以及含有倾向或者排斥潜在

投标人的其他内容。

第二十一条　招标人根据招标项目的具体情况，可以组织潜在投标人踏勘项目现场。

第二十二条　招标人不得向他人透露已获取招标文件的潜在投标人的名称、数量以及可能影响公平竞争的有关招标投标的其他情况。

招标人设有标底的，标底必须保密。

第二十三条　招标人对已发出的招标文件进行必要的澄清或者修改的，应当在招标文件要求提交投标文件截止时间至少十五日前，以书面形式通知所有招标文件收受人。该澄清或者修改的内容为招标文件的组成部分。

第二十四条　招标人应当确定投标人编制投标文件所需要的合理时间；但是，依法必须进行招标的项目，自招标文件开始发出之日起至投标人提交投标文件截止之日止，最短不得少于二十日。

# 第三章　投　　标

第二十五条　投标人是响应招标、参加投标竞争的法人或者其他组织。

依法招标的科研项目允许个人参加投标的，投标的个人适用本法有关投标人的规定。

第二十六条　投标人应当具备承担招标项目的能力；国家有关规定对投标人资格条件或者招标文件对投标人资格条件有规定的，投标人应当具备规定的资格条件。

第二十七条　投标人应当按照招标文件的要求编制投标文件。投标文件应当对招标文件提出的实质性要求和条件作出响应。

招标项目属于建设施工的，投标文件的内容应当包括拟派出的项目负责人与主要技术人员的简历、业绩和拟用于完成招标项目的机械设备等。

第二十八条　投标人应当在招标文件要求提交投标文件的截止时间前，将投标文件送达投标地点。招标人收到投标文件后，应当签收保存，不得开启。投标人少于三个的，招标人应当依照本法重新招标。

在招标文件要求提交投标文件的截止时间后送达的投标文件，招标人应当拒收。

第二十九条　投标人在招标文件要求提交投标文件的截止时间前，可以补充、修改或者撤回已提交的投标文件，并书面通知招标人。补充、修改的内容为投标文件的组成部分。

第三十条　投标人根据招标文件载明的项目实际情况，拟在中标后将中标项目的部分非主体、非关键性工作进行分包的，应当在投标文件中载明。

第三十一条　两个以上法人或者其他组织可以组成一个联合体，以一个投标人的身份共同投标。

联合体各方均应当具备承担招标项目的相应能力；国家有关规定或者招标文件对投标人资格条件有规定的，联合体各方均应当具备规定的相应资格条件。由同一专业的单位组成的联合体，按照资质等级较低的单位确定资质等级。

联合体各方应当签订共同投标协议，明确约定各方拟承担的工作和责任，并将共同投标协议连同投标文件一并提交招标人。联合体中标的，联合体各方应当共同与招标人签订合同，就中标项目向招标人承担连带责任。

招标人不得强制投标人组成联合体共同投标，不得限制投标人之间的竞争。

**第三十二条** 投标人不得相互串通投标报价，不得排挤其他投标人的公平竞争，损害招标人或者其他投标人的合法权益。

投标人不得与招标人串通投标，损害国家利益、社会公共利益或者他人的合法权益。

禁止投标人以向招标人或者评标委员会成员行贿的手段谋取中标。

**第三十三条** 投标人不得以低于成本的报价竞标，也不得以他人名义投标或者以其他方式弄虚作假，骗取中标。

# 第四章 开标、评标和中标

**第三十四条** 开标应当在招标文件确定的提交投标文件截止时间的同一时间公开进行；开标地点应当为招标文件中预先确定的地点。

**第三十五条** 开标由招标人主持，邀请所有投标人参加。

**第三十六条** 开标时，由投标人或者其推选的代表检查投标文件的密封情况，也可以由招标人委托的公证机构检查并公证；经确认无误后，由工作人员当众拆封，宣读投标人名称、投标价格和投标文件的其他主要内容。

招标人在招标文件要求提交投标文件的截止时间前收到的所有投标文件，开标时都应当当众予以拆封、宣读。

开标过程应当记录，并存档备查。

**第三十七条** 评标由招标人依法组建的评标委员会负责。

依法必须进行招标的项目，其评标委员会由招标人的代表和有关技术、经济等方面的专家组成，成员人数为五人以上单数，其中技术、经济等方面的专家不得少于成员总数的三分之二。

前款专家应当从事相关领域工作满八年并具有高级职称或者具有同等专业水平，由招标人从国务院有关部门或者省、自治区、直辖市人民政府有关部门提供的专家名册或者招标代理机构的专家库内的相关专业的专家名单中确定；一般招标项目可以采取随机抽取方式，特殊招标项目可以由招标人直接确定。

与投标人有利害关系的人不得进入相关项目的评标委员会；已经进入的应当更换。

评标委员会成员的名单在中标结果确定前应当保密。

**第三十八条** 招标人应当采取必要的措施，保证评标在严格保密的情况下进行。

任何单位和个人不得非法干预、影响评标的过程和结果。

**第三十九条** 评标委员会可以要求投标人对投标文件中含义不明确的内容作必要的澄清或者说明，但是澄清或者说明不得超出投标文件的范围或者改变投标文件的实质性内容。

**第四十条** 评标委员会应当按照招标文件确定的评标标准和方法，对投标文件进行评审和比较；设有标底的，应当参考标底。评标委员会完成评标后，应当向招标人提出书面评标报告，并推荐合格的中标候选人。

招标人根据评标委员会提出的书面评标报告和推荐的中标候选人确定中标人。招标人也可以授权评标委员会直接确定中标人。

国务院对特定招标项目的评标有特别规定的，从其规定。

**第四十一条**　中标人的投标应当符合下列条件之一：

（一）能够最大限度地满足招标文件中规定的各项综合评价标准；

（二）能够满足招标文件的实质性要求，并且经评审的投标价格最低；但是投标价格低于成本的除外。

**第四十二条**　评标委员会经评审，认为所有投标都不符合招标文件要求的，可以否决所有投标。

依法必须进行招标的项目的所有投标被否决的，招标人应当依照本法重新招标。

**第四十三条**　在确定中标人前，招标人不得与投标人就投标价格、投标方案等实质性内容进行谈判。

**第四十四条**　评标委员会成员应当客观、公正地履行职务，遵守职业道德，对所提出的评审意见承担个人责任。

评标委员会成员不得私下接触投标人，不得收受投标人的财物或者其他好处。

评标委员会成员和参与评标的有关工作人员不得透露对投标文件的评审和比较、中标候选人的推荐情况以及与评标有关的其他情况。

**第四十五条**　中标人确定后，招标人应当向中标人发出中标通知书，并同时将中标结果通知所有未中标的投标人。

中标通知书对招标人和中标人具有法律效力。中标通知书发出后，招标人改变中标结果的，或者中标人放弃中标项目的，应当依法承担法律责任。

**第四十六条**　招标人和中标人应当自中标通知书发出之日起三十日内，按照招标文件和中标人的投标文件订立书面合同。招标人和中标人不得再行订立背离合同实质性内容的其他协议。

招标文件要求中标人提交履约保证金的，中标人应当提交。

**第四十七条**　依法必须进行招标的项目，招标人应当自确定中标人之日起十五日内，向有关行政监督部门提交招标投标情况的书面报告。

**第四十八条**　中标人应当按照合同约定履行义务，完成中标项目。中标人不得向他人转让中标项目，也不得将中标项目肢解后分别向他人转让。

中标人按照合同约定或者经招标人同意，可以将中标项目的部分非主体、非关键性工作分包给他人完成。接受分包的人应当具备相应的资格条件，并不得再次分包。

中标人应当就分包项目向招标人负责，接受分包的人就分包项目承担连带责任。

# 第五章　法律责任

**第四十九条**　违反本法规定，必须进行招标的项目而不招标的，将必须进行招标的项目化整为零或者以其他任何方式规避招标的，责令限期改正，可以处项目合同金额千分之五以上千分之十以下的罚款；对全部或者部分使用国有资金的项目，可以暂停项目执行或者暂停资金拨付；对单位直接负责的主管人员和其他直接责任人员依法给予处分。

**第五十条**　招标代理机构违反本法规定，泄露应当保密的与招标投标活动有关的情况和资料的，或者与招标人、投标人串通损害国家利益、社会公共利益或者他人合法权益的，处五万元以上二十五万元以下的罚款；对单位直接负责的主管人员和其他直接责任人员处单位罚款数额百分之五以上百分之十以下的罚款；有违法所得的，并处没收违法所得；情节严重的，禁止其一年至二年内代理依法必须进行招标的项目并予以公告，直至由工商行政管理机关吊销营业执照；构成犯罪的，依法追究刑事责任。给他人造成损失的，依法承担赔偿责任。

前款所列行为影响中标结果的，中标无效。

**第五十一条** 招标人以不合理的条件限制或者排斥潜在投标人的，对潜在投标人实行歧视待遇的，强制要求投标人组成联合体共同投标的，或者限制投标人之间竞争的，责令改正，可以处一万元以上五万元以下的罚款。

**第五十二条** 依法必须进行招标的项目的招标人向他人透露已获取招标文件的潜在投标人的名称、数量或者可能影响公平竞争的有关招标投标的其他情况的，或者泄露标底的，给予警告，可以并处一万元以上十万元以下的罚款；对单位直接负责的主管人员和其他直接责任人员依法给予处分；构成犯罪的，依法追究刑事责任。

前款所列行为影响中标结果的，中标无效。

**第五十三条** 投标人相互串通投标或者与招标人串通投标的，投标人以向招标人或者评标委员会成员行贿的手段谋取中标的，中标无效，处中标项目金额千分之五以上千分之十以下的罚款，对单位直接负责的主管人员和其他直接责任人员处单位罚款数额百分之五以上百分之十以下的罚款；有违法所得的，并处没收违法所得；情节严重的，取消其一年至二年内参加依法必须进行招标的项目的投标资格并予以公告，直至由工商行政管理机关吊销营业执照；构成犯罪的，依法追究刑事责任。给他人造成损失的，依法承担赔偿责任。

**第五十四条** 投标人以他人名义投标或者以其他方式弄虚作假，骗取中标的，中标无效，给招标人造成损失的，依法承担赔偿责任；构成犯罪的，依法追究刑事责任。

依法必须进行招标的项目的投标人有前款所列行为尚未构成犯罪的，处中标项目金额千分之五以上千分之十以下的罚款，对单位直接负责的主管人员和其他直接责任人员处单位罚款数额百分之五以上百分之十以下的罚款；有违法所得的，并处没收违法所得；情节严重的，取消其一年至三年内参加依法必须进行招标的项目的投标资格并予以公告，直至由工商行政管理机关吊销营业执照。

**第五十五条** 依法必须进行招标的项目，招标人违反本法规定，与投标人就投标价格、投标方案等实质性内容进行谈判的，给予警告，对单位直接负责的主管人员和其他直接责任人员依法给予处分。

前款所列行为影响中标结果的，中标无效。

**第五十六条** 评标委员会成员收受投标人的财物或者其他好处的，评标委员会成员或者参加评标的有关工作人员向他人透露对投标文件的评审和比较、中标候选人的推荐以及与评标有关的其他情况的，给予警告，没收收受的财物，可以并处三千元以上五万元以下的罚款，对有所列违法行为的评标委员会成员取消担任评标委员会成员的资格，不得再参加任何依法必须进行招标的项目的评标；构成犯罪的，依法追究刑事责任。

**第五十七条** 招标人在评标委员会依法推荐的中标候选人以外确定中标人的，依法必须进行招标的项目在所有投标被评标委员会否决后自行确定中标人的，中标无效，责令改正，可以处中标项目金额千分之五以上千分之十以下的罚款；对单位直接负责的主管人员和其他直接责任人员依法给予处分。

第五十八条　中标人将中标项目转让给他人的，将中标项目肢解后分别转让给他人的，违反本法规定将中标项目的部分主体、关键性工作分包给他人的，或者分包人再次分包的，转让、分包无效，处转让、分包项目金额千分之五以上千分之十以下的罚款；有违法所得的，并处没收违法所得；可以责令停业整顿；情节严重的，由工商行政管理机关吊销营业执照。

第五十九条　招标人与中标人不按照招标文件和中标人的投标文件订立合同的，或者招标人、中标人订立背离合同实质性内容的协议的，责令改正；可以处中标项目金额千分之五以上千分之十以下的罚款。

第六十条　中标人不履行与招标人订立的合同的，履约保证金不予退还，给招标人造成的损失超过履约保证金数额的，还应当对超过部分予以赔偿；没有提交履约保证金的，应当对招标人的损失承担赔偿责任。

中标人不按照与招标人订立的合同履行义务，情节严重的，取消其二年至五年内参加依法必须进行招标的项目的投标资格并予以公告，直至由工商行政管理机关吊销营业执照。

因不可抗力不能履行合同的，不适用前两款规定。

第六十一条　本章规定的行政处罚，由国务院规定的有关行政监督部门决定。本法已对实施行政处罚的机关作出规定的除外。

第六十二条　任何单位违反本法规定，限制或者排斥本地区、本系统以外的法人或者其他组织参加投标的，为招标人指定招标代理机构的，强制招标人委托招标代理机构办理招标事宜的，或者以其他方式干涉招标投标活动的，责令改正；对单位直接负责的主管人员和其他直接责任人员依法给予警告、记过、记大过的处分，情节较重的，依法给予降级、撤职、开除的处分。

个人利用职权进行前款违法行为的，依照前款规定追究责任。

第六十三条　对招标投标活动依法负有行政监督职责的国家机关工作人员徇私舞弊、滥用职权或者玩忽职守，构成犯罪的，依法追究刑事责任；不构成犯罪的，依法给予行政处分。

第六十四条　依法必须进行招标的项目违反本法规定，中标无效的，应当依照本法规定的中标条件从其余投标人中重新确定中标人或者依照本法重新进行招标。

# 第六章　附　　则

第六十五条　投标人和其他利害关系人认为招标投标活动不符合本法有关规定的，有权向招标人提出异议或者依法向有关行政监督部门投诉。

第六十六条　涉及国家安全、国家秘密、抢险救灾或者属于利用扶贫资金实行以工代赈、需要使用农民工等特殊情况，不适宜进行招标的项目，按照国家有关规定可以不进行招标。

**第六十七条** 使用国际组织或者外国政府贷款、援助资金的项目进行招标，贷款方、资金提供方对招标投标的具体条件和程序有不同规定的，可以适用其规定，但违背中华人民共和国的社会公共利益的除外。

**第六十八条** 本法自 2000 年 1 月 1 日起施行。

# 附录 B 《必须招标的工程项目规定》

**第一条** 为了确定必须招标的工程项目，规范招标投标活动，提高工作效率、降低企业成本、预防腐败，根据《中华人民共和国招标投标法》第三条的规定，制定本规定。

**第二条** 全部或者部分使用国有资金投资或者国家融资的项目包括：

（一）使用预算资金 200 万元人民币以上，并且该资金占投资额 10％以上的项目；

（二）使用国有企业事业单位资金，并且该资金占控股或者主导地位的项目。

**第三条** 使用国际组织或者外国政府贷款、援助资金的项目包括：

（一）使用世界银行、亚洲开发银行等国际组织贷款、援助资金的项目；

（二）使用外国政府及其机构贷款、援助资金的项目。

**第四条** 不属于本规定第二条、第三条规定情形的大型基础设施、公用事业等关系社会公共利益、公众安全的项目，必须招标的具体范围由国务院发展改革部门会同国务院有关部门按照确有必要、严格限定的原则制订，报国务院批准。

**第五条** 本规定第二条至第四条规定范围内的项目，其勘察、设计、施工、监理以及与工程建设有关的重要设备、材料等的采购达到下列标准之一的，必须招标：

（一）施工单项合同估算价在 400 万元人民币以上；

（二）重要设备、材料等货物的采购，单项合同估算价在 200 万元人民币以上；

（三）勘察、设计、监理等服务的采购，单项合同估算价在 100 万元人民币以上。

同一项目中可以合并进行的勘察、设计、施工、监理以及与工程建设有关的重要设备、材料等的采购，合同估算价合计达到前款规定标准的，必须招标。

**第六条** 本规定自 2018 年 6 月 1 日起施行。

# 附录 C 《房屋建筑和市政基础设施工程施工招标投标管理办法》（节选）

## 第一章 总 则

**第一条** 为了规范房屋建筑和市政基础设施工程施工招标投标活动，维护招标投标当事人的合法权益，依据《中华人民共和国建筑法》《中华人民共和国招标投标法》等法律、行政法规，制定本办法。

**第二条** 依法必须进行招标的房屋建筑和市政基础设施工程（以下简称工程），其施工招标投标活动，适用本办法。

本办法所称房屋建筑工程，是指各类房屋建筑及其附属设施和与其配套的线路、管道、设备安装工程及室内外装修工程。

本办法所称市政基础设施工程，是指城市道路、公共交通、供水、排水、燃气、热力、园林、环卫、污水处理、垃圾处理、防洪、地下公共设施及附属设施的土建、管道、设备安装工程。

**第三条** 国务院建设行政主管部门负责全国工程施工招标投标活动的监督管理。

县级以上地方人民政府建设行政主管部门负责本行政区域内工程施工招标投标活动的监督管理。具体的监督管理工作，可以委托工程招标投标监督管理机构负责实施。

**第四条** 任何单位和个人不得违反法律、行政法规规定，限制或者排斥本地区、本系统以外的法人或者其他组织参加投标，不得以任何方式非法干涉施工招标投标活动。

**第五条** 施工招标投标活动及其当事人应当依法接受监督。

建设行政主管部门依法对施工招标投标活动实施监督，查处施工招标投标活动中的违法行为。

## 第二章 招 标

**第六条** 工程施工招标由招标人依法组织实施。招标人不得以不合理条件限制或者排斥潜在投标人，不得对潜在投标人实行歧视待遇，不得对潜在投标人提出与招标工程实际要求不符的过高的资质等级要求和其他要求。

**第七条** 工程施工招标应当具备下列条件：

（一）按照国家有关规定需要履行项目审批手续的，已经履行审批手续；

（二）工程资金或者资金来源已经落实；

（三）有满足施工招标需要的设计文件及其他技术资料；

（四）法律、法规、规章规定的其他条件。

**第八条** 工程施工招标分为公开招标和邀请招标。

依法必须进行施工招标的工程，全部使用国有资金投资或者国有资金投资占控股或者主导地位的，应当公开招标，但经国家计委或者省、自治区、直辖市人民政府依法批准可以进行邀请招标的重点建设项目除外；其他工程可以实行邀请招标。

**第九条** 工程有下列情形之一的，经县级以上地方人民政府建设行政主管部门批准，可以不进行施工招标：

（一）停建或者缓建后恢复建设的单位工程，且承包人未发生变更的；

（二）施工企业自建自用的工程，且该施工企业资质等级符合工程要求的；

（三）在建工程追加的附属小型工程或者主体加层工程，且承包人未发生变更的；

（四）法律、法规、规章规定的其他情形。

**第十二条** 全部使用国有资金投资或者国有资金投资占控股或者主导地位，依法必须进行施工招标的工程项目，应当进入有形建筑市场进行招标投标活动。

政府有关管理机关可以在有形建筑市场集中办理有关手续，并依法实施监督。

**第十三条** 依法必须进行施工公开招标的工程项目，应当在国家或者地方指定的报刊、信息网络或者其他媒介上发布招标公告，并同时在中国工程建设和建筑业信息网上发布招标公告。

招标公告应当载明招标人的名称和地址，招标工程的性质、规模、地点以及获取招标文件的办法等事项。

**第十四条** 招标人采用邀请招标方式的，应当向 3 个以上符合资质条件的施工企业发出投标邀请书。

投标邀请书应当载明本办法第十三条第二款规定的事项。

在资格预审合格的投标申请人过多时，可以由招标人从中选择不少于 7 家资格预审合格的投标申请人。

**第十七条** 招标人应当根据招标工程的特点和需要，自行或者委托工程招标代理机构编制招标文件。招标文件应当包括下列内容：

（一）投标须知，包括工程概况，招标范围，资格审查条件，工程资金来源或者落实情况，标段划分，工期要求，质量标准，现场踏勘和答疑安排，投标文件编制、提交、修改、撤回的要求，投标报价要求，投标有效期，开标的时间和地点，评标的方法和标准等；

（二）招标工程的技术要求和设计文件；

（三）采用工程量清单招标的，应当提供工程量清单；

（四）投标函的格式及附录；

（五）拟签订合同的主要条款；

（六）要求投标人提交的其他材料。

**第十八条** 依法必须进行施工招标的工程，招标人应当在招标文件发出的同时，将招标文件报工程所在地的县级以上地方人民政府建设行政主管部门备案。建设行政主管部门发现招标文件有违反法律、法规内容的，应当责令招标人改正。

# 第三章 投 标

**第二十二条** 施工招标的投标人是响应施工招标、参与投标竞争的施工企业。

投标人应当具备相应的施工企业资质，并在工程业绩、技术能力、项目经理资格条件、财务状况等方面满足招标文件提出的要求。

**第二十五条** 投标文件应当包括下列内容：

（一）投标函；

（二）施工组织设计或者施工方案；

（三）投标报价；

（四）招标文件要求提供的其他材料。

**第二十六条** 招标人可以在招标文件中要求投标人提交投标担保。投标担保可以采用投标保函或者投标保证金的方式。投标保证金可以使用支票、银行汇票等，一般不得超过投标总价的 2%，最高不得超过 50 万元。

投标人应当按照招标文件要求的方式和金额，将投标保函或者投标保证金随投标文件提交招标人。

**第二十九条** 两个以上施工企业可以组成一个联合体，签订共同投标协议，以一个投标人的身份共同投标。联合体各方均应当具备承担招标工程的相应资质条件。相同专业的施工企业组成的联合体，按照资质等级低的施工企业的业务许可范围承揽工程。

招标人不得强制投标人组成联合体共同投标，不得限制投标人之间的竞争。

# 第四章　开标、评标和中标

**第三十四条** 在开标时，投标文件出现下列情形之一的，应当作为无效投标文件，不得进入评标：

（一）投标文件未按照招标文件的要求予以密封的；

（二）投标文件中的投标函未加盖投标人的企业及企业法定代表人印章的，或者企业法定代表人委托代理人没有合法、有效的委托书（原件）及委托代理人印章的；

（三）投标文件的关键内容字迹模糊、无法辨认的；

（四）投标人未按照招标文件的要求提供投标保函或者投标保证金的；

（五）组成联合体投标的，投标文件未附联合体各方共同投标协议的。

**第四十条** 评标可以采用综合评估法、经评审的最低投标标价法或者法律法规允许的其他评标方法。

采用综合评估法的，应当对投标文件提出的工程质量、施工工期、投标价格、施工组织设计或者施工方案、投标人及项目经理业绩等，能否最大限度地满足招标文件中规定的各项要求和评价标准进行评审和比较。以评分方式进行评估的，对于各种评比奖项不得额外计分。

采用经评审的最低投标价法的，应当在投标文件能够满足招标文件实质性要求的投标人中，评审出投标价格最低的投标人，但投标价格低于其企业成本的除外。

**第四十四条** 依法必须进行施工招标的工程，招标人应当自确定中标人之日起 15 日内，向工程所在地的县级以上地方人民政府建设行政主管部门提交施工招标投标情况的书面报告。书面报告应当包括下列内容：

（一）施工招标投标的基本情况，包括施工招标范围、施工招标方式、资格审查、开评标过程和确定中标人的方式及理由等。

（二）相关的文件资料，包括招标公告或者投标邀请书、投标报名表、资格预审文件、招标文件、评标委员会的评标报告（设有标底的，应当附标底）、中标人的投标文件。委托工程招标代理的，还应当附工程施工招标代理委托合同。

前款第二项中已按照本办法的规定办理了备案的文件资料，不再重复提交。

# 第六章 附 则

**第五十四条** 工程施工专业分包、劳务分包采用招标方式的，参照本办法执行。

**第五十五条** 招标文件或者投标文件使用两种以上语言文字的，必须有一种是中文；如对不同文本的解释发生异议的，以中文文本为准。用文字表示的金额与数字表示的金额不一致的，以文字表示的金额为准。

**第五十六条** 涉及国家安全、国家秘密、抢险救灾或者属于利用扶贫资金实行以工代赈、需要使用农民工等特殊情况，不适宜进行施工招标的工程，按照国家有关规定可以不进行施工招标。

**第五十七条** 使用国际组织或者外国政府贷款、援助资金的工程进行施工招标，贷款方、资金提供方对招标投标的具体条件和程序有不同规定的，可以适用其规定，但违背中华人民共和国的社会公共利益的除外。

**第五十八条** 本办法由国务院建设行政主管部门负责解释。

**第五十九条** 本办法自发布之日起施行。1992 年 12 月 30 日建设部颁布的《工程建设施工招标投标管理办法》（建设部令第 23 号）同时废止。

# 参考文献

［1］全国招标师职业水平考试辅导教材指导委员会．招标采购专业实务［M］．北京：中国计划出版社，2012.

［2］严玲．招投标与合同管理工作坊——案例教学教程［M］．北京：机械工业出版社，2015.

［3］张明媛，李春保．招投标与合同管理［M］．大连：大连理工大学出版社，2017.

［4］王照雯，王友国．建设法规［M］．大连：大连理工大学出版社，2016.

［5］周艳冬．建筑工程招投标与合同管理［M］．北京：机械工业出版社，2016.

［6］杨勇，狄文全，冯伟．工程招投标理论与综合实训［M］．北京：化学工业出版社，2018.

［7］林密．工程项目招投标与合同管理［M］．北京：中国建筑工业出版社，2012.

［8］危道军．招投标与合同管理实务［M］．北京：高等教育出版社，2014.

［9］张宝岭，单兆海．建设工程索赔及案例分析［M］．北京：机械工业出版社，2009.

［10］梁慧星．民法总论［M］．北京：中国人民大学出版社，2017.

［11］刘庭江．建设工程合同管理［M］．北京：北京大学出版社，2013.

［12］朱宏亮，成虎．工程合同管理［M］．北京：中国建筑工业出版社，2018.

［13］李启明．土木工程合同管理［M］．南京：东南大学出版社，2015.